Diese Mitteilungen setzen eine von Erich Regener begründete Reihe fort, deren Hefte auf der vorletzten Seite genannt sind.

Das Max-Planck-Institut für Aeronomie vereinigt zwei Institute, das Institut für Stratosphärenphysik, und das Institut für Ionosphärenphysik.

Ein (S) oder (I) beim Titel deutet an, aus welchem Institut die Arbeit stammt.

Anschrift der beiden Institute:

(20b) Lindau über Northeim (Hann.)

ISBN 978-3-540-02580-1   ISBN 978-3-662-22453-3 (eBook)
DOI 10.1007/978-3-662-22453-3

TABLES OF
ORDINARY AND EXTRAORDINARY REFRACTIVE INDICES,
GROUP REFRACTIVE INDICES
AND $h'_{o,x}(f)$-CURVES
FOR STANDARD IONOSPHERIC LAYER MODELS

by

Walter Becker

2

Contents

1. Introduction

2. The basic formulae of the tabulated data

2.1. Formulae for vertical group refractive indices

2.2. Formulae for numerical calculations of vertical group refractive indices

2.3. Formulae for the calculation of h'(f)-traces

2.3.1. General remarks

2.3.2. Special calculations

2.3.2.1. Numerical calculations of standard $h'_{o,x}(f)$-traces

2.3.2.2. Numerical virtual path calculations of ionospheric echoes vertically penetrating a parabolic layer

3. Practical application of the tabulated data

3.1. General remarks

3.2. Graphical representation of some tabulated data

Acknowledgement

References

Tabulated data

Tables 1 - 120 : Vertical refractive and group refractive indices

Tables 121 - 160 : Numerical data of standard $h'_{o,x}(f)$-traces

Tables 161 - 170 : Numerical virtual path data of ionospheric echoes vertically penetrating a parabolic layer

Table 171 : Numerical data of the standard layer models used here

1. Introduction

The N(h)-Working Party, a Group in Commission III of URSI (URSI Information Bulletin No.112, p.12) suggested these calculations of ordinary and extraordinary refractive indices $n_{o,x}$, vertical group refractive indices $c/U_{o,x}$, and virtual heights $h'_{o,x}(f)$, for an Epstein, cosine and parabolic layer model. c ist the free space velocity of light. U_o and U_x denote vertical ordinary and extraordinary group velocities. The data are intended to facilitate real height (h) computations from observed, $h'_{o,x}(f)$-traces. Especially the $h'_{o,x}(f)$-data are intended also to allow for tests of existing reduction methods. For ionization minimum investigations an additional set of tables is presented. These tables represent the virtual paths $\Delta h'_{o,x}(f)$ of sounding pulses which penetrate an ionospheric layer of parabolic shape; they can be used together with the abovementioned standard $h'_{o,x}(f)$-curves to give ordinary and extraordinary $h'_{o,x}(f)$-traces for any combination of a lower parabolic layer and an upper Epstein, cosine or parabolic electron density distribution.

Ordinary group refractive index tables have already been published by D.H. SHINN [1] and by W. BECKER [2]. Their values of Φ, the angle of inclination of the earth's magnetic field, are slightly different from those used here. These tables may be used as additional sets for interpolation purposes. D.H. SHINN's tables are the least accurate ("one unit in the third decimal place"). W. BECKER's tables become inaccurate in the fifth decimal place. The relative accuracy of the G_o- and G_R-tables presented here is better than 10^{-6} and that of the normalized virtual heights is better than 10^{-5}.

As for D.H. SHINN's and W. BECKER's numerical calculations the data given here are also based on Appleton-Hartree's formula for the ordinary and the extraordinary refractive indices of an ionized gas. It is assumed that energy losses due to electron collisions can be neglected.

2. The basic formulae of the tabulated data

2.1. Formulae for vertical group refractive indices

The following calculations are based on the Appleton-Hartree formula (1) for the refractive indices of an ionized gas.

$$n^2_{o,x} = 1 - \frac{2\, f_o^2/f^2}{2 - \dfrac{f_T^2/f^2}{1-f_o^2/f^2} \pm \sqrt{\left[\dfrac{f_T^2/f^2}{1-f_o^2/f^2}\right]^2 + 4\,\dfrac{f_L^2}{f^2}}} \qquad (1)$$

The upper sign of the square root holds for the ordinary and the lower for the extraordinary wave component. Energy losses by electron collisions are neglected.

In equation (1) the abbreviations used have the following meaning:

f_o = plasma frequency = $\sqrt{\dfrac{Ne^2}{\pi m}}$;

N = electron density per cm^3 ;

e = charge of an electron ;

m = mass of an electron ;

π = 3.14 159 ... ;

f_H = gyrofrequency = $\dfrac{eH}{2\pi mc}$;

H = total intensity of the earth's magnetic field;

Φ = angle of inclination of the earth's magnetic field;

$f_L = f_H \cdot \sin \Phi$;

$f_T = f_H \cdot \cos \Phi$;

f = frequency of observation.

The ordinary and extraordinary group refractive indices $c/U_{o,x}$ are defined by equation (2); it is :

$$\frac{c}{U_{o,x}} = \frac{d}{df}(fn_{o,x}) ; \qquad (2)$$

c = free space velocity of light and

$U_{o,x}$ = ordinary, extraordinary group velocity.

Equation (2) can be transformed (3) :

$$\frac{c}{U_{o,x}} = \frac{1}{n_{o,x}}\left(1 + \frac{2f_o^2}{N_{o,x}^2} \cdot \frac{dN_{o,x}}{df^2}\right), \qquad (3)$$

where

$$N_{o,x} = 2 - \frac{f_T^2/f^2}{1 - f_o^2/f^2} \pm \sqrt{\left[\frac{f_T^2/f^2}{1-f_o^2/f^2}\right]^2 + 4\frac{f_L^2}{f^2}} ,$$

and

$$2f_o^2 \frac{dN_{o,x}}{df^2} = \frac{\dfrac{4f_o^2 f_L^2}{f^4} \cdot \dfrac{1+f_o^2/f^2}{1-f_o^2/f^2}}{\pm\sqrt{\left[\dfrac{f_T^2/f^2}{1-f_o^2/f^2}\right]^2 + 4\dfrac{f_L^2}{f^2}}} - \frac{2f_o^2/f^2}{1-f_o^2/f^2}\left\{N_{o,x} - 2\right\} .$$

For h'(f)-calculations it is sometimes necessary to have a Taylor approximation of the group refractive indices for small plasma frequencies (4).

$$\lim_{f_o/f \to o} \frac{c}{U_{o,x}} = \lim_{f_o/f \to o} \left(1 + \frac{f_o^2}{f^2} A_{o,x} + \ldots\right) = 1 . \qquad (4)$$

The coefficients $A_{o,x}$ are derived from equation (3) and are (5) :

$$A_{o,x} = \frac{4}{N^2_{o,x}} \left(1 \pm \frac{f_L^2/f^2}{\sqrt{\frac{f_T^4}{f^4} + 4\,\frac{f_L^2}{f^2}}}\right) - \frac{1}{N_{o,x}} \, . \qquad (5)$$

2.2 Formulae for numerical calculations of vertical group refractive indices

Equations (1) and (3)are inappropriate for numerical calculations, because $n_{o,x}$ becomes zero and $c/U_{o,x}$ infinite for certain values of f_o and f . For practical purposes it is useful to calculate

$$\frac{c}{U_o}\, t = G_o$$

for the ordinary component according to D.H. SHINN [1] and

$$\frac{c}{U_x}\, t_R = G_R$$

for the extraordinary component according to W. BECKER [3] .

The symbols t and t_R have the following meanings :

$$t^2 = 1 - f_o^2/f^2 \, .$$

t is the refractive index with $f_H = 0$.

$$t_R^2 = 1 - f_o^2/f_R^2 \, .$$

t_R is the refractive index for purely longitudinal propagation, or $f_H = f_L$.

$$f_R^2 = f_x^2 - f_x f_H \qquad \text{if} \quad f_x > f_H \, ;$$

$$f_R^2 = f_x^2 + f_x f_H \qquad \text{if} \quad f_x < f_H \, . \qquad (6)$$

f_x is the extraordinary frequency of observation.

By this procedure values of G_o and G_R are finite even when n_o or n_x become zero, e.g. when

$$f_o^2 = f^2 \qquad \text{for the ordinary component; or}$$

$$f_o^2 = f_R^2 \qquad \text{for the extraordinary component.} \qquad (7)$$

As t is equal to t_R for the ordinary wave component, t_R is appropriate as a common parameter.

Also in order to get as accurate data as possible, equations (1) and (3) have to be transformed because they implicitly contain expressions such as:

$$1 - \sqrt{1 + a}$$

which, calculated step by step, give poor results when a is small. However the accuracy becomes very high when the equivalent expression given by equation (8) is calculated.

$$1 - \sqrt{1 + a} = - \frac{a}{1 + \sqrt{1 + a}} \quad . \tag{8}$$

Thus useful formulae for numerical calculations of ordinary ray indices can be obtained:

$$\left(\frac{n_o}{t_R}\right)^2 = \frac{1 + \dfrac{2\,tg^2\phi}{1 + \sqrt{1 + \gamma\, t_R^4}}}{1 + t_R^2 \dfrac{2\,tg^2\phi}{1 + \sqrt{1 + \gamma\, t_R^4}}} \quad ; \tag{9}$$

where $\gamma = \dfrac{4\,tg^2\phi}{y_R^2 \cos^2\phi}$.

$$G_o = \frac{c}{U_o}\, t_R = \frac{t_R}{n_o} \left\{ 1 + \frac{x_R\, tg^2\phi}{M^2} \left[\frac{(1 + x_R)}{\sqrt{1 + \gamma\, t_R^4}} - \frac{2}{1 + \sqrt{1 + \gamma\, t_R^4}} \right] \right\} , \tag{10}$$

where $M = 1 + t_R^2 \cdot \dfrac{2\,tg^2\phi}{1 + \sqrt{1 + \gamma\, t_R^4}}$; $x_R = 1 - t_R^2$;

and

$$A_o = \frac{1}{2\,M_1} \left\{ \frac{2}{M_1} \left(1 + \frac{tg^2\phi}{\sqrt{1 + \gamma}}\right) - 1 \right\} ; \tag{11}$$

where

$$M_1 = 1 + \frac{2\,tg^2\phi}{1 + \sqrt{1 + \gamma}} \quad ; \quad \gamma = \frac{4\,tg^2\phi}{y_R^2 \cos^2\phi} \quad .$$

The limiting cases are:

$$\lim_{t_R \to o} \frac{n_o}{t_R} = \frac{1}{\cos\phi} \quad ; \quad \lim_{t_R \to 1} G_o = \lim_{x_R \to o} (1 + x_R A_o + .) = 1 \tag{12}$$

For the numerical calculation of the extraordinary indices one gets the following set of formulae:

$$n_x^2 = y\xi \frac{1 - \dfrac{\beta}{1+\sqrt{1+\alpha\xi}}}{1-y+\Delta - \dfrac{\beta y\xi}{1+\sqrt{1+\alpha\xi}}} \quad . \quad (13)$$

Where

$$\alpha = \frac{4\sin^2\phi}{(1+\sin^2\phi)^2} \quad ; \quad \beta = \frac{2\sin^2\phi}{1+\sin^2\phi} \quad ;$$

$$\xi = 2\Delta + \Delta^2 \quad ; \quad \Delta = t_R^2 \frac{1-y}{y} \quad ;$$

$$y_R = \frac{f_H}{f_R} \quad ; \quad \frac{1-y}{y} = \frac{1}{2y_R}(\sqrt{4+y_R^2} - y_R) \quad ;$$

$$y = \tfrac{1}{2} y_R (\sqrt{4+y_R^2} - y_R).$$

$$G_R = \frac{c}{U_x} t_R = \frac{t_R}{n_x} \left\{ 1 + \frac{x}{N^2}\left[1 + \frac{\beta}{2}\left\{\frac{2\xi}{1+\sqrt{1+\alpha\xi}} - \frac{(1+\xi)(1+x)}{\sqrt{1+\alpha\xi}}\right\}\right]\right\}, (14)$$

where

$$N = 1 - y + \Delta - \beta \frac{y\xi}{1+\sqrt{1+\alpha\xi}} \quad ; \quad x = x_R(1-y) \quad ;$$

$$A_{xR} = (1-y)\left\{\frac{4}{N_1^2}\left(1 - \frac{tg^2\phi}{1+\gamma}\right)\right\} \quad , \quad (15)$$

where

$$\gamma = \frac{4 tg^2\phi}{y^2 \cos^2\phi} \quad ; \quad N_1 = 2 - y^2\cos^2\phi(1+\sqrt{1+\gamma}) ;$$

$$A_{xR} = A_x(1-y) \quad .$$

Again the limiting cases are:

$$\lim_{t_R \to o} \frac{n_x^2}{t_R^2} = \frac{2}{1+\sin^2\phi} \quad ; \quad \lim_{t_R \to 1} G_R = \lim_{x_R \to o}(1+x_R A_{xR}^{\pm} \cdot) = 1 \quad (16)$$

And for purely longitudinal propagation, e.g. $f_H = f_L$, $f_T = o$ the previous formulae reduce to:

$$n_{xL} = t_R \quad ; \quad (17)$$

$$G_{RL} = 1 + x_R \cdot \frac{y}{2(1-y)} \quad ; \tag{18}$$

2.3. Formulae for the calculation of h'(f)-traces

2.3.1. General remarks

Ordinary and extraordinary virtual heights $h'_{o,x}$ are defined by equation (19).

$$h'_{o,x}(f) = \int_{h=o}^{h=h_R} \frac{c}{U_{o,x}} \, dh. \tag{19}$$

h_R means the real reflection height, that is that height at which the respective reflection conditions (7) or (20) are fulfilled.

$$\frac{f_o^2}{f_R^2} = 1 \quad \text{or} \quad t_R = o. \tag{20}$$

With the abbreviations hitherto used:

$$x_R = \frac{f_o^2}{f_R^2} \quad ; \qquad t_R^2 = 1 - x_R \quad ; \tag{21}$$

(19) becomes:

$$h'_{o,x}(f_R) = 2 \int_{t_R=o}^{t_R=1} \left(\frac{c}{U_{o,x}} t_R\right) \frac{dh}{dx_R} \, dt_R \, ,$$

or

$$h'_{o,x}(f_R) = 2 \int_{t_R=o}^{t_R=1} G_{o,R} \cdot \frac{dh}{dx_R} \, dt_R. \tag{22}$$

$\frac{dx_R}{dh}$ is proportional to the gradient of the respective ionospheric layer. The ordinary and extraordinary virtual heights $h'_{o,x}(f_R)$ for a constant reduced frequency f_R belong to the same real reflection height, but do not have the same frequency of observation. The frequencies of observation are in fact: f_R and f_x. It seemed physically meaningful to publish only such corresponding pairs of virtual heights for f_R and f_x in this booklet.

2.3.2. Special calculations

2.3.2.1. Numerical calculations of standard $h'_{o,x}(f)$-traces

Three standard layer models have been chosen for the calculation of standard $h'_{o,x}(f)$-traces. These are of an Epstein, a cosine and a parabolic shape. In order to have a common thickness parameter Y_m for these layers, they are assumed to have the same maximum value of electron density and the same total electron content. Thus the essential difference between these models is in their low plasma frequency distribution as Fig. 1 shows. It is especially for that reason that these types have been chosen.

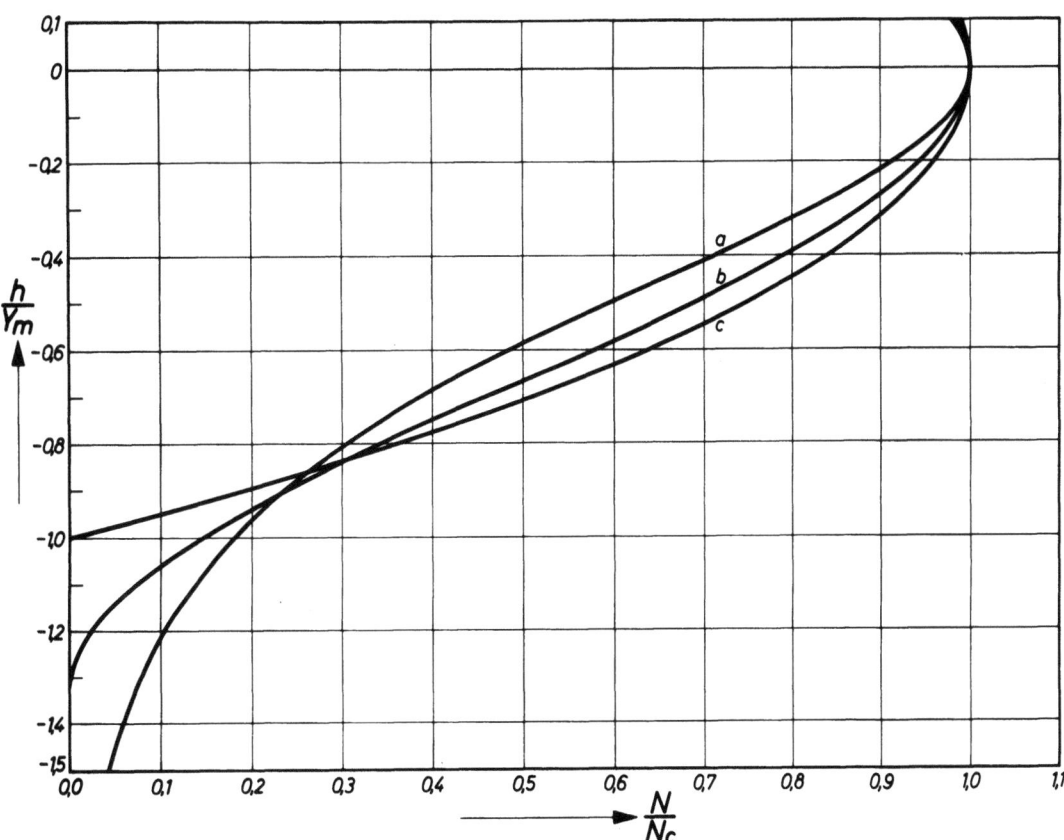

Fig. 1. Standard electron density profiles representing an (a) Epstein, (b) a cosine and (c) a parabolic layer shape; equal maximum densities and equal total contents are assumed. Y_m measures the half layer thickness of the parabolic profile.

A mathematical description of these standard distributions is given by the equations (23) - (25).

$$\frac{f_o^2}{f_{co}^2} = \frac{N}{N_c} = \frac{4 e^{\frac{3h}{Y_m}}}{(1 + e^{\frac{3h}{Y_m}})^2} \quad , \quad \text{Epstein layer model;} \quad (23)$$

$$\frac{f_o^2}{f_{co}^2} = \frac{N}{N_c} = \frac{1}{2}(1 + \cos\frac{3\pi h}{4 Y_m}), \quad \text{cosine layer model;} \quad (24)$$

$$\frac{f_o^2}{f_{co}^2} = \frac{N}{N_c} = 1 - (\frac{h}{Y_m})^2, \quad \text{parabolic layer model.} \quad (25)$$

The real heights are measured positive above the layer maxima. Numerical data of these distributions may be found in table 171.

Putting
$$x_{oR} = \frac{f_{co}^2}{f_R^2} \quad \text{and as before} \quad x_R = \frac{f_o^2}{f_R^2}, \quad (26)$$

equations (23) to (25) give the following formulae for the gradients of the layer models:

$$\frac{dx_R}{dh} = \frac{3}{Y_m} x_R \sqrt{1 - \frac{x_R}{x_{oR}}} \quad , \quad \text{Epstein layer model;} \quad (27)$$

$$\frac{dx_R}{dh} = \frac{3\pi}{4 Y_m} \sqrt{x_R (x_{oR} - x_R)} \quad , \quad \text{cosine layer model;} \quad (28)$$

$$\frac{dx_R}{dh} = \frac{2 x_{oR}}{Y_m} \sqrt{1 - \frac{x_R}{x_{oR}}} \quad , \quad \text{parabolic layer model.} \quad (29)$$

These expressions together with equation (22) show that the common thickness parameter Y_m does not only allow a normalization of the real heights but also of the virtual heights. This fact is very advantageous for tabulation purposes and is used here.

For the same reason f_R/f_{co} instead of f_R is used in the tables. In order to demonstrate the change of shape of these $h'_{o,x}(f_R/f_{co})$ - traces with f_{co} - a consequence of the earth's magnetic field - another parameter offers itself:

$$\frac{f_H}{f_{co}} = Y_o \qquad \text{or} \qquad \frac{f_H}{f_{cx}} = Y \ . \tag{30}$$

For reasons of numerical accuracy the integral of equation (22) was subdivided into 2 parts :

$$h'_{o,x}\left(\frac{f_R}{f_{co}}\right) = 2 \int_{t_R = o}^{t_R = t_{R1}} G_{o,R} \frac{dh}{dx_R}\, dt_R + 2 \int_{t_R = t_{R1}}^{t_R = 1} G_{o,R} \frac{dh}{dx_R}\, dt_R \tag{31}$$

or

$$h'_{o,x}\left(\frac{f_R}{f_{co}}\right) = 2 \int_{t_R = o}^{t_R = t_{R1}} G_{o,R} \frac{dh}{dx_R}\, dt_R + \int_{x_R = o}^{x_R = x_{R1}} \frac{c}{U_{o,x}} \frac{dh}{dx_R}\, dx_R \, .$$

The latter integral was calculated analytically using the approximate formulae (12) and (16) for $\frac{c}{U_{o,x}}$.

The final formulae are:

$$\left\{\frac{h'_{o,x}}{Y_m}\right\}_{Epst.} = -\frac{1}{3} \ln \frac{2 - \frac{x_{R1}}{x_{oR}} + 2\sqrt{1 - \frac{x_{R1}}{x_{oR}}}}{\frac{x_{R1}}{x_{oR}}} + \frac{2}{3} A_{o,xR}\, x_{oR} \frac{\frac{x_{R1}}{x_{oR}}}{1 + \sqrt{1 - \frac{x_{R1}}{x_{oR}}}} + \frac{2}{3} \int_{t_R = o}^{t_R = t_{R1}} \frac{G_{o,R}\, dt_R}{x_R \sqrt{1 - \frac{x_R}{x_{oR}}}} \, . \tag{32}$$

$$\left\{\frac{h'_{o,x}}{Y_m}\right\}_{cos} = -\frac{4}{3} + \frac{8}{3\pi} \sqrt{\frac{x_{R1}}{x_{oR}}} \left[a + A_{o,xR} \cdot \frac{x_{oR}}{2} \cdot \frac{a^2 - \left(1 - \frac{x_{R1}}{x_{oR}}\right)}{a + \sqrt{1 - \frac{x_{R1}}{x_{oR}}}} \right] + \frac{8}{3\pi} \int_{t_R = o}^{t_R = t_{R1}} \frac{G_{o,R}\, dt_R}{\sqrt{x_R (x_{oR} - x_R)}} \, . \tag{33}$$

$$a = 1 + \frac{1}{120} \cdot \frac{x_{R1}}{x_{oR}} \left[20 + 9 \frac{x_{R1}}{x_{oR}} + \ldots \right]$$

$$\left\{\frac{h'_{o,x}}{Ym}\right\}_{Par} = (1+\frac{2}{3} A_{o,xR} \cdot x_{oR}) - \sqrt{1-\frac{x_{R1}}{x_{oR}}} \left\{1 + A_{o,xR}\frac{x_{oR}}{3}(2+\frac{x_{R1}}{x_{oR}})\right\} + \int_{t_R = o}^{t_R = t_{R1}} \frac{G_{o,R}\, dt_R}{\sqrt{x_{o,R}(x_{oR} - x_R)}} . \tag{34}$$

x_{R1} = 0.031 005 859 4 or t_{R1} = 126/128. x_{R1} is small enough to meet the accuracy conditions. For the calculation of the main integral Simpson's parabolic approximation method is sufficiently accurate; an integration using 36 intervals was chosen. The respective t_R-values are :

t_R x 128 =	126,	125,	124,	122,	120,	116,	112,	108,	104,
	100,	96,	88,	80,	72,	64,	56,	48,	44,
	40,	36,	32,	28,	24,	20,	16,	14,	12,
	10,	8,	7,	6,	5,	4,	3,	2,	1,
	0.								

2.3.2.2. Numerical virtual path calculations of ionospheric echoes vertically penetrating a parabolic layer

These calculations have been performed in order to provide means for ionization minimum investigations especially for testing different methods. These virtual paths $\Delta h'_{o,x}(f_R/f_{co})$ are the product of the excess time suffered by echo delay travelling within a parabolic ionospheric layer of half-thickness Y_m and free space velocity of light. Equation (35) expresses this definition mathematically.

$$\left\{\frac{\Delta h'_{o,x}(\frac{f_R}{f_{co}})}{Y_m}\right\}_{Par.} = 2\int_{\frac{h}{Y_m}=o}^{\frac{h}{Y_m}=1} \frac{c}{U_{o,x}}\, d(\frac{h}{Y_m}) - 2 . \tag{35}$$

Again Simpson's formula is used for the calculation of the respective tables 161–170. Also the same integration intervals are taken as before for t_R .

3. Practical application of the tabulated data

3.1. General remarks

Group refractive indices are needed mostly for h'(f) calculations and then only for f values greater than f_H. How, for such purposes, the respective tabulated data (tables 1-120) can be used was shown in chapter 2.3.

For numerical inversions of h'(f)-curves to N(h) profiles group refractive indices are also necessary. They too can be taken from the tables; additional data can be obtained by interpolation with sufficient accuracy which is possible because the important parameters are very closely spaced and the data themselves highly accurate.

Due to the normalized parameters, standard h'(f)-traces (Tables 121-160) can easily be interpolated for any special value of Y_m, f_{co}, f_H and ϕ. Thus it is also possible to deduce for any location the coefficients of W. BECKER's manual $h'_{o,x}(f) - N(h)$ - reduction methods, his comparison and his general method [5].

Finally, as all virtual height and path data are also independent of the absolute height of the respective layer models these data can also be combined with each other to give, for example $h'_{o,x}(f)$-traces of a two-layer model.

3.2. Graphical representation of some tabulated data

Fig. 2 and Fig. 3 are given in order to demonstrate the general dependency of the ordinary and extraordinary group refractive indices on t_R and Y_R ; they are calculated for the particular values of f_H = 1.185 281 Mc/s and Φ = $67^o6'$.

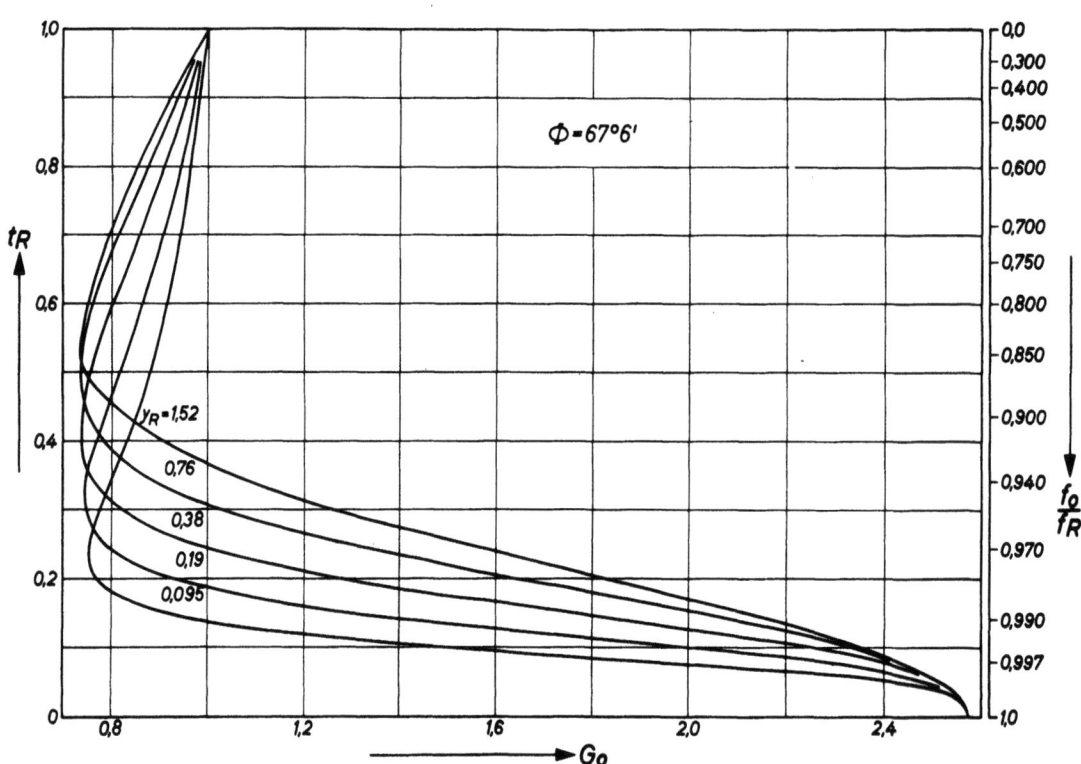

Fig. 2. G_o measures the ratio of the ordinary vertical group velocities for 0 and 67.1 degrees angle of dip, Φ , of the earth's magnetic field. $t_R = \sqrt{1 - f_o^2/f_R^2}$; f_o = plasma frequency; f_R = frequency of observation of the ordinary wave component;

$$y_R = \frac{f_H}{f_R} \; ; \; f_H = \text{gyrofrequency.}$$

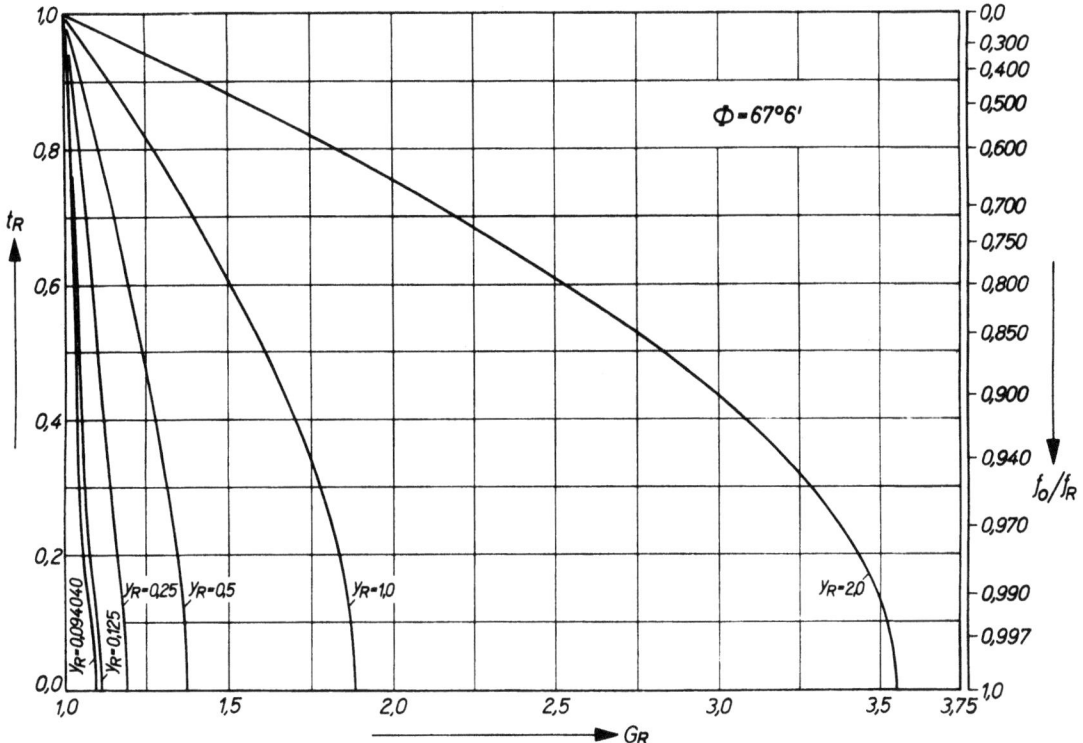

<u>Fig. 3.</u> $G_R = \frac{c}{U_x} t_R$; $t_R = \sqrt{1 - f_o^2/f_R^2}$; $f_R^2 = f_x^2 - f_x f_H$.
U_x measures extraordinary vertical group velocities for 67.1 degrees angle of dip , Φ , of the earth's magnetic field.
c = free space velocity of light. f_o = plasma frequency.
f_H = gyrofrequency. f_x = frequency of observation of the extraordinary wave component.

Fig. 4 demonstrates the dependence of the ratio G_R/G_{RL} on t_R and y_R.

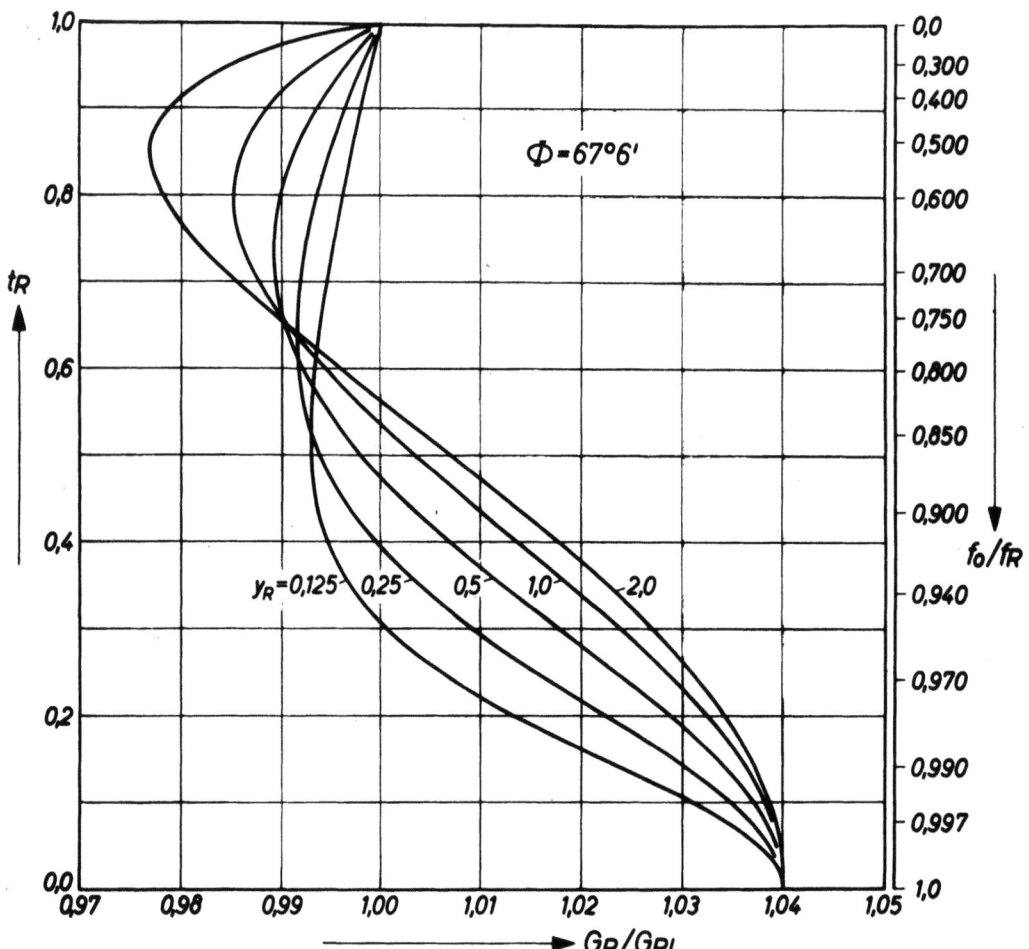

Fig. 4. Ratio $G_R/G_{RL} = U_{xL}/U_x$ of the extraordinary vertical group velocities for 90 (U_{xL}) and 67.1 (U_x) degrees angle of dip, ϕ, of the earth's magnetic field. For both vertical group velocities a constant gyrofrequency $f_H = 1.185\ 281$ Mc/s is assumed. $y_R = f_H/f_R$; $t_R = \sqrt{1 - f_o^2/f_R^2}$; $f_R^2 = f_x^2 - f_x f_H$; f_x = frequency of observation of the extraordinary wave component. f_o = plasma frequency.

This ratio shows, whether purely longitudinal propagation properties can be considered as a sufficiently accurate description of actual propagation conditions at vertical incidence for a given location. This point is very important in h'(f)-reduction work because in such a case O.E.H. RYDBECK's [4] analytical inversion method can be applied.

The Figures 5 - 7 finally show the standard h'(f)-traces for the same special values of f_H and Φ, namely f_H = 1.185 281 Mc/s and Φ = $67^{0}6'$.

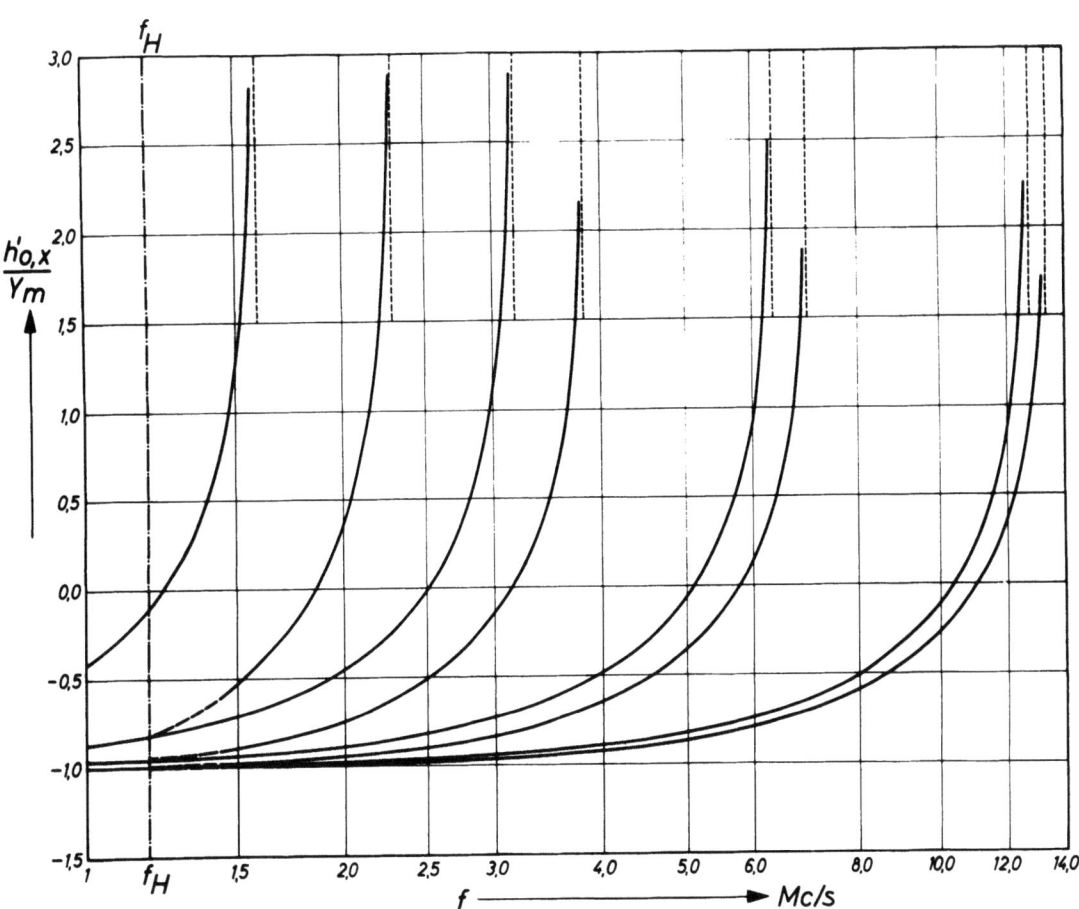

Fig. 5. Calculated $h'_{o,x}$(f)-curves for parabolic layer profiles of different maximum electron densities. Y_m measures the half layer thickness and f_H the gyrofrequency (1.1853 Mc/s) and Φ the angle of dip of the earth's magnetic field; $\Phi = 67^{0}6'$.

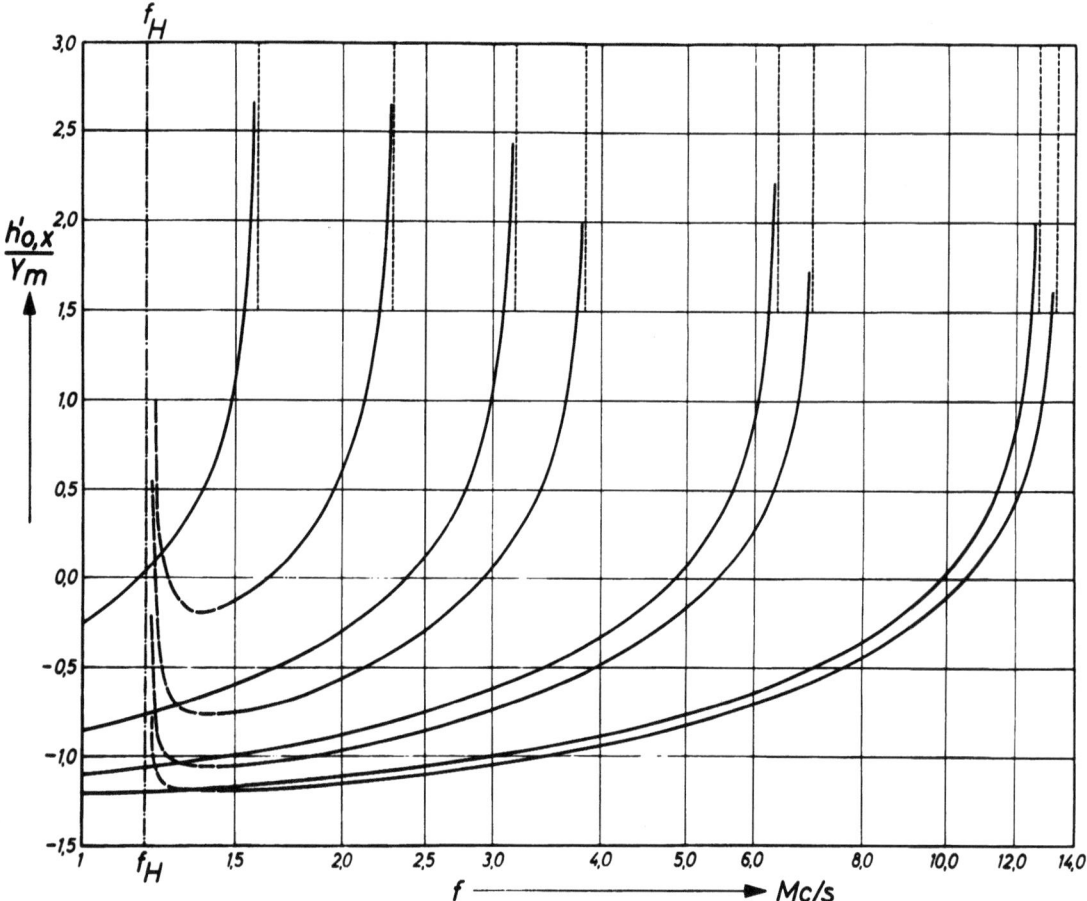

Fig. 6. Calculated $h'_{o,x}(f)$-curves for cosine layer profiles of different maximum electron densities. Y_m measures the equivalent parabolic half layer thickness, f_H the gyrofrequency (1.1853 Mc/s), and Φ the assumed angle of dip of the earth's magnetic field; $\Phi = 67°6'$.

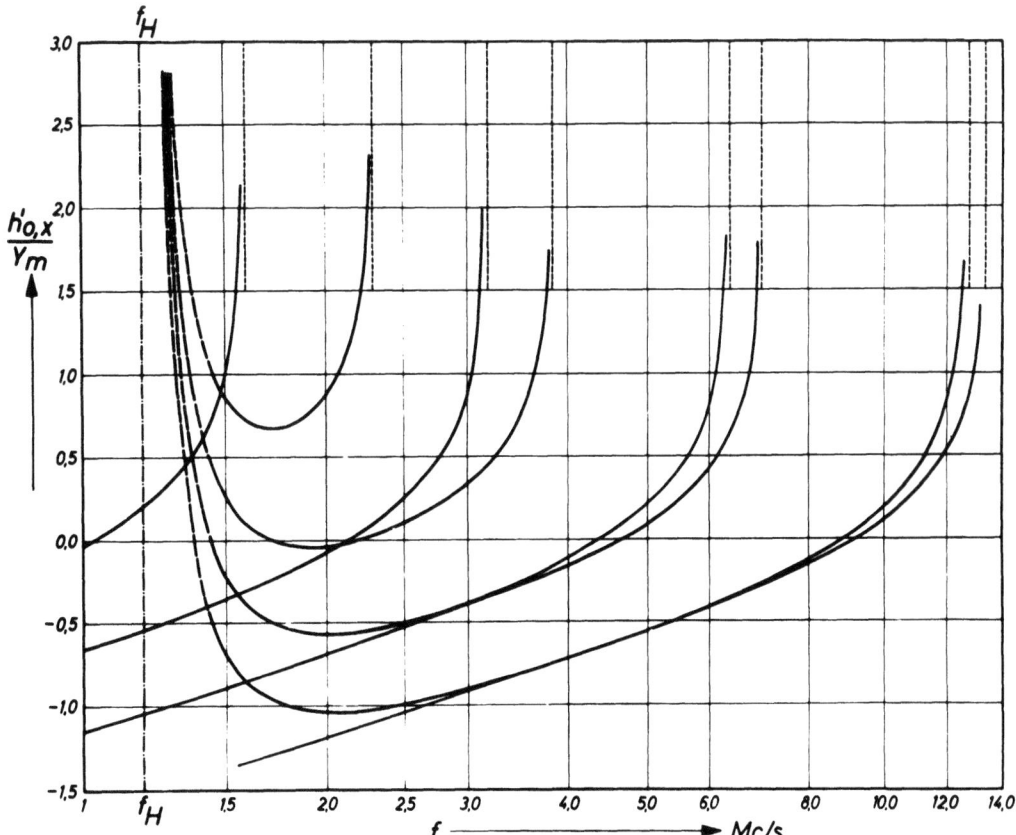

Fig. 7. Calculated $h'_{o,x}(f)$-curves for Epstein layer profiles of different maximum electron densities. Y_m measures the equivalent parabolic half layer thickness, f_H the gyrofrequency (1.1853 Mc/s) and Φ the angle of dip of the earth's magnetic field; $\Phi = 67^{o}6'$.

As Fig. 2 - 7 have already been published and discussed by W. BECKER [2] , [3], [5] , no further remarks need be made here.

Acknowledgement

The tables given here were computed with an electronic computing machine such as an I.B.M. 650. The author is very much indebted to the Deutsche Forschungsgemeinschaft for making such a machine partly available to him.

References

[1] SHINN, D.H.   Tables of group refractive index for the ordinary ray in the ionosphere
Rep. of the Phys.Soc.Conf. on "The physics of the ionosphere", Cambridge [1954] pp. 402 to 406

[2] BECKER, W.   Tabellierung der vertikalen Gruppengeschwindigkeiten ordentlicher Echos in der Ionosphäre
A.E.Ü. Vol.11 [1957] pp. 166 to 172

[3] BECKER, W.   Das Vergleichsverfahren der Station Lindau/Harz zur Bestimmung der wahren Verteilung der Elektronendichte in der Ionosphäre
A.E.Ü. Vol.13 [1959] pp. 49 to 57

[4] RYDBECK, O.E.H.   The propagation of electromagnetic waves in an ionized medium and the calculation of the true heights of the ionized layers of the atmosphere
Phil.Mag. Vol.30 [1940] pp. 282 to 293

[5] BECKER, W.   New methods and some results concerning true ionospheric height calculations
J. Atmosph. Terr. Phys. Vol.16 [1959] pp. 67 to 83

4. Tabulated data

The symbols of the following tables are selfexplanatory and agree with those of the above formulae.

Each of the tabulated data consists of ten figures. The first eight of them give the number itself. The last two figures, a bit spaced from the first eight figures, give the absolute magnitude of the given value. This is done by giving the decadic exponent of the number plus 51. For instance: $0.100\,000\,00 = 1 \times 10^{-1}$ is tabled in the following way: 100 000 00 (51-1) = 10000000   50. The tabulated value of 12.333 333 is 12333333   52. An asterisk behind any datum makes the respective value negative. For instance: $-0.0123\,333\,33$ is tabulated: 12333333   49 *.

Φ: 10	y_R = 62500000 49	A_o = 49177073 50	y = 60577385 49	A_{xR} = 48262737 50	*Table 1*
t_R x 128	n_o	G_o	n_x	G_R	G_R / G_{RL}
128	10000000 51	10000000 51	10000000 51	10000000 51	10000000 51
126	98451655 50	99974414 50	98514128 50	99944283 50	99844468 50
125	97677520 50	99961708 50	97771558 50	99915330 50	99766319 50
124	96903384 50	99949095 50	97029244 50	99885632 50	99687891 50
122	95355171 50	99924084 50	95545375 50	99823940 50	99530147 50
120	93807019 50	99899411 50	94062557 50	99759103 50	99371128 50
116	90710858 50	99851251 50	91100251 50	99619485 50	99048766 50
112	87614879 50	99804976 50	88142639 50	99465833 50	98719837 50
108	84518986 50	99761128 50	85190070 50	99297169 50	98383345 50
104	81423128 50	99720306 50	82242903 50	99112584 50	98038358 50
100	78327180 50	99683359 50	79301524 50	98911226 50	97684022 50
96	75231008 50	99651294 50	76366321 50	98692441 50	97319669 50
88	69037231 50	99607291 50	70516002 50	98201801 50	96560039 50
80	62839769 50	99602471 50	64694774 50	97646342 50	95764812 50
72	56635571 50	99656415 50	58904210 50	97053618 50	94960657 50
64	50420290 50	99792177 50	53142496 50	96499101 50	94220712 50
56	44188454 50	10002722 51	47400066 50	96157334 50	93714159 50
48	37934460 50	10035483 51	41651053 50	96395463 50	93796566 50
40	31654781 50	10072654 51	35837703 50	97920948 50	95152653 50
36	28505374 50	10090454 51	32874180 50	99521979 50	96652239 50
32	25350245 50	10106465 51	29845570 50	10193791 51	98947067 50
28	22190186 50	10120072 51	26723994 50	10538103 51	10224229 51
24	19026103 50	10131022 51	23475799 50	11002882 51	10670928 51
20	15858892 50	10139390 51	20063857 50	11593564 51	11240013 51
16	12689375 50	10145469 51	16453196 50	12290001 51	11911940 51
14	11103970 50	10147774 51	14565350 50	12660959 51	12270082 51
12	95182341 49	10149654 51	12620847 50	13032196 51	12628606 51
10	79322313 49	10151157 51	10620853 50	13389032 51	12973303 51
8	63460188 49	10152327 51	85688972 49	13714770 51	13288013 51
6	47596467 49	10153197 51	64710844 49	13991947 51	13555842 51
4	31731597 49	10153798 51	43360810 49	14204040 51	13760800 51
2	15865980 49	10154151 51	21748324 49	14337367 51	13889649 51
1.28×10^{-11}	10154266 40	10154266 51	13933620 40	14382867 51	13933622 51

Φ: 10	y_R = 93750000 49	A_o = 48921883 50	y = 89458405 49	A_{xR} = 47622385 50	*Table 2*
t_R x 128	n_o	G_o	n_x	G_R	G_R / G_{RL}
128	10000000 51	10000000 51	10000000 51	10000000 51	10000000 51
126	98456892 50	99966687 50	98549008 50	99924006 50	99772043 50
125	97685322 50	99950345 50	97823972 50	99884738 50	99657946 50
124	96913750 50	99934206 50	97099254 50	99844600 50	99543749 50
122	95370603 50	99902579 50	95650772 50	99761696 50	99315037 50
120	93827409 50	99871926 50	94203599 50	99675241 50	99085819 50
116	90740855 50	99813828 50	91313299 50	99491512 50	98625687 50
112	87653939 50	99760741 50	88428630 50	99293142 50	98162953 50
108	84566514 50	99713600 50	85549854 50	99080138 50	97697532 50
104	81478386 50	99673548 50	82677215 50	98852890 50	97229699 50
100	78389320 50	99641912 50	79810911 50	98612306 50	96760219 50
96	75299025 50	99620244 50	76951095 50	98360101 50	96290661 50
88	69113454 50	99613772 50	71251019 50	97833330 50	95362943 50
80	62918438 50	99669274 50	65575617 50	97315666 50	94487210 50
72	56710007 50	99800621 50	59919280 50	96895332 50	93747234 50
64	50483810 50	10001336 51	54268569 50	96739632 50	93302121 50
56	44235993 50	10029543 51	48596166 50	97147374 50	93435994 50
48	37964483 50	10061238 51	42851397 50	98617612 50	94623034 50
40	31670022 50	10091654 51	36947181 50	10190670 51	97581264 50
36	28515189 50	10105044 51	33894659 50	10453129 51	10000717 51
32	25356078 50	10116770 51	30746651 50	10796814 51	10321474 51
28	22193338 50	10126703 51	27478144 50	11229617 51	10727843 51
24	19027616 50	10134853 51	24063154 50	11751170 51	11219407 51
20	15859517 50	10141327 51	20477978 50	12347085 51	11782420 51
16	12689584 50	10146288 51	16706138 50	12983258 51	12384396 51
14	11104077 50	10148259 51	14748578 50	13299589 51	12683959 51
12	95182838 49	10149918 51	12744628 50	13603120 51	12971511 51
10	79322516 49	10151285 51	10697020 50	13883965 51	13237651 51
8	63460256 49	10152379 51	86099618 49	14131911 51	13472669 51
6	47596486 49	10153214 51	64891352 49	14337085 51	13667177 51
4	31731597 49	10153802 51	43415913 49	14490714 51	13812838 51
2	15865980 49	10154151 51	21755339 49	14585864 51	13903061 51
128×10^{-11}	10154266 40	10154266 51	13933620 40	14618093 51	13933622 51

Φ: 10	y_R = 12500000 50	A_o = 48739913 50	y = 11743140 50	A_{xR} = 47131394 50	*Table 3*
$t_R \times 128$	n_o	G_o	n_x	G_R	G_R / G_{RL}
128	10000000 51	10000000 51	10000000 51	10000000 51	10000000 51
126	98461155 50	99961309 50	98581713 50	99908674 50	99703007 50
125	97691689 50	99942491 50	97873079 50	99861757 50	99554929 50
124	96922178 50	99924057 50	97164782 50	99813996 50	99407123 50
122	95383041 50	99888363 50	95749230 50	99715981 50	99112308 50
120	93843722 50	99854326 50	94335078 50	99614695 50	98818593 50
116	90764472 50	99791721 50	91511037 50	99402611 50	98234670 50
112	87684188 50	99737363 50	88692795 50	99178676 50	97655975 50
108	84602618 50	99692460 50	85880403 50	98944404 50	97083717 50
104	81519490 50	99658353 50	83073871 50	98702085 50	96519848 50
100	78434469 50	99636500 50	80273084 50	98455020 50	95967298 50
96	75347205 50	99628400 50	77477791 50	98207877 50	95430274 50
88	69164288 50	99659343 50	71901725 50	97741191 50	94428343 50
80	62967206 50	99760878 50	66338816 50	97384092 50	93589901 50
72	56752335 50	99935744 50	60775442 50	97278010 50	93046417 50
64	50516545 50	10017449 51	55187029 50	97655282 50	93014226 50
56	44258056 50	10045319 51	49531942 50	98877481 50	93829964 50
48	37977098 50	10073801 51	43743564 50	10146630 51	95978926 50
40	31675919 50	10099634 51	37722014 50	10608306 51	10007540 51
36	28518874 50	10110831 51	34582458 50	10935960 51	10304639 51
32	25358213 50	10120682 51	31331122 50	11335428 51	10669942 51
28	22194471 50	10129141 51	27947746 50	11805965 51	11102670 51
24	19028154 50	10136230 51	24413667 50	12338243 51	11594030 51
20	15859739 50	10142013 51	20714721 50	12911226 51	12124310 51
16	12689656 50	10146577 51	16844879 50	13490204 51	12661048 51
14	11104115 50	10148429 51	14847158 50	13767476 51	12918325 51
12	95183016 49	10150010 51	12810044 50	14027630 51	13159825 51
10	79322578 49	10151331 51	10736632 50	14263563 51	13378919 51
8	63460275 49	10152398 51	86310247 49	14468274 51	13569075 51
6	47596491 49	10153220 51	64982909 49	14635261 51	13724220 51
4	31731597 49	10153803 51	43443637 49	14758925 51	13839132 51
2	15865980 49	10154151 51	21758849 49	14834950 51	13909783 51
128×10^{-11}	10154266 40	10154266 51	13933619 40	14860602 51	13933623 51

Φ: 10	y_R = 18750000 50	A_o = 48525833 50	y = 17074405 50	A_{xR} = 46575048 50	*Table 4*
$t_R \times 128$	n_o	G_o	n_x	G_R	G_R / G_{RL}
128	10000000 51	10000000 51	10000000 51	10000000 51	10000000 51
126	98467484 50	99955244 50	98641039 50	99891953 50	99574103 50
125	97701074 50	99933860 50	97962030 50	99837220 50	99363336 50
124	96934549 50	99913165 50	97283321 50	99782079 50	99154057 50
122	95401141 50	99873927 50	95926843 50	99670633 50	98739969 50
120	93867244 50	99837653 50	94571559 50	99558033 50	98332165 50
116	90797795 50	99774580 50	91864495 50	99330911 50	97536407 50
112	87725881 50	99725070 50	89161766 50	99104703 50	96769755 50
108	84651168 50	99690244 50	86462887 50	98884562 50	96036270 50
104	81573286 50	99671109 50	83767181 50	98677065 50	95341357 50
100	78491867 50	99668527 50	81073738 50	98490543 50	94692029 50
96	75406530 50	99683128 50	78381376 50	98335446 50	94097240 50
88	69222670 50	99764539 50	72993332 50	98174445 50	93119005 50
80	63019050 50	99912209 50	67585290 50	98337212 50	92532178 50
72	56793752 50	10011471 51	62129764 50	99032221 50	92520957 50
64	50546025 50	10035293 51	56585807 50	10054910 51	93341927 50
56	44276479 50	10060362 51	50894792 50	10326345 51	95327889 50
48	37986990 50	10084450 51	44976895 50	10760866 51	98862057 50
40	31680344 50	10105858 51	38731011 50	11397478 51	10428690 51
36	28521591 50	10115217 51	35449476 50	11797307 51	10775700 51
32	25359770 50	10123583 51	32043362 50	12248161 51	11170073 51
28	22195289 50	10130921 51	28500497 50	12741209 51	11603764 51
24	19028541 50	10137226 51	24812176 50	13261040 51	12062829 51
20	15859895 50	10142508 51	20975001 50	13785049 51	12526890 51
16	12689709 50	10146783 51	16992756 50	14283941 51	12969583 51
14	11104143 50	10148551 51	14950767 50	14513458 51	13173471 51
12	95183138 49	10150077 51	12877928 50	14723803 51	13360434 51
10	79322633 49	10151363 51	10777279 50	14910638 51	13526575 51
8	63460294 49	10152411 51	86524337 49	15069885 51	13668235 51
6	47596495 49	10153224 51	65075264 49	15197904 51	13782148 51
4	31731600 49	10153803 51	43471441 49	15291660 51	13865590 51
2	15865980 49	10154152 51	21762360 49	15348861 51	13916505 51
128×10^{-11}	10154266 40	10154266 51	13933619 40	15368090 51	13933621 51

Φ: 10	y_R = 25000000 50	A_o = 48430446 50	y = 22069555 50	A_{xR} = 46537460 50	**Table 5**
t_R x 128	n_o	G_o	n_x	G_R	G_R / G_{RL}
128	10000000 51	10000000 51	10000000 51	10000000 51	10000000 51
126	98471737 50	99952766 50	98693026 50	99892100 50	99455451 50
125	97707344 50	99930526 50	98039847 50	99838484 50	99187851 50
124	96942764 50	99909233 50	97386866 50	99785185 50	98923404 50
122	95413017 50	99869538 50	96081435 50	99679873 50	98404191 50
120	93882478 50	99833775 50	94776663 50	99576844 50	97898222 50
116	90818829 50	99774452 50	92168686 50	99380797 50	96928024 50
112	87751484 50	99732020 50	89562044 50	99204126 50	96017590 50
108	84680100 50	99707039 50	86955610 50	99055488 50	95173156 50
104	81604372 50	99699809 50	84347997 50	98945324 50	94402569 50
100	78523961 50	99710379 50	81737510 50	98886145 50	93715540 50
96	75438608 50	99738410 50	79122069 50	98892859 50	93123925 50
88	69252054 50	99843801 50	73865835 50	99177401 50	92286317 50
80	63043275 50	10000592 51	68552812 50	99977782 50	92036326 50
72	56811763 50	10020940 51	63146015 50	10152879 51	92568578 50
64	50558035 50	10043581 51	57595364 50	10412086 51	94124950 50
56	44283588 50	10066658 51	51835687 50	10808039 51	96976999 50
48	37990654 50	10088577 51	45786755 50	11371096 51	10137507 51
40	31681938 50	10108150 51	39357851 50	12117183 51	10744375 51
36	28522561 50	10116805 51	35972598 50	12555136 51	11106836 51
32	25360323 50	10124619 51	32460486 50	13027968 51	11501207 51
28	22195578 50	10131552 51	28814721 50	13524101 51	11917375 51
24	19028676 50	10137577 51	25032233 50	14027261 51	12341209 51
20	15859952 50	10142681 51	21114843 50	14516666 51	12754719 51
16	12689726 50	10146856 51	17070268 50	14968031 51	13136935 51
14	11104151 50	10148594 51	15004483 50	15171330 51	13309306 51
12	95183184 49	10150100 51	12912776 50	15355388 51	13465465 51
10	79322648 49	10151374 51	10797966 50	15517136 51	13602770 51
8	63460300 49	10152416 51	86632506 49	15653748 51	13718786 51
6	47596495 49	10153226 51	65121654 49	15762760 51	13811394 51
4	31731600 49	10153804 51	43485353 49	15842147 51	13878852 51
2	15865980 49	10154152 51	21764110 49	15890402 51	13919862 51
128 x 10^{-11}	10154266 40	10154266 51	13933619 40	15906593 51	13933623 51

Φ: 10	y_R = 37500000 50	A_o = 48385295 50	y = 31122235 50	A_{xR} = 47775431 50	**Table 6**
t_R x 128	n_o	G_o	n_x	G_R	G_R / G_{RL}
128	10000000 51	10000000 51	10000000 51	10000000 51	10000000 51
126	98476658 50	99951999 50	98778745 50	99934507 50	99239335 50
125	97714551 50	99929852 50	98167891 50	99904988 50	98870203 50
124	96952142 50	99908943 50	97556858 50	99877810 50	98508580 50
122	95426408 50	99870844 50	96334158 50	99831071 50	97808020 50
120	93899428 50	99837729 50	95110445 50	99795576 50	97138073 50
116	90841603 50	99786361 50	92659126 50	99763860 50	95892212 50
112	87778434 50	99754611 50	90201005 50	99794775 50	94776285 50
108	84709707 50	99742013 50	87733871 50	99902194 50	93797356 50
104	81635247 50	99747826 50	85255193 50	10010185 51	92964172 50
100	78554922 50	99771040 50	82762028 50	10041153 51	92287397 50
96	75468638 50	99810415 50	80251024 50	10085114 51	91779507 50
88	69278041 50	99931576 50	75159688 50	10221058 51	91329615 50
80	63063600 50	10009765 51	69944222 50	10438169 51	91750225 50
72	56826186 50	10029349 51	64558412 50	10759205 51	93198477 50
64	50567290 50	10050405 51	58946366 50	11207400 51	95835384 50
56	44288904 50	10071562 51	53043629 50	11802127 51	99791338 50
48	37993335 50	10091671 51	46780909 50	12551498 51	10510794 51
40	31683084 50	10109828 51	40091920 50	13441757 51	11165541 51
36	28523258 50	10117957 51	36570758 50	13926430 51	11527998 51
32	25360718 50	10125367 51	32926312 50	14425218 51	11903925 51
28	22195786 50	10132005 51	29157677 50	14925466 51	12283193 51
24	19028775 50	10137828 51	25267253 50	15411965 51	12653698 51
20	15859991 50	10142804 51	21261249 50	15867512 51	13001809 51
16	12689740 50	10146907 51	17150012 50	16273861 51	13313110 51
14	11104158 50	10148624 51	15059324 50	16452904 51	13450475 51
12	95183213 49	10150117 51	12948114 50	16612983 51	13573386 51
10	79322664 49	10151382 51	10818820 50	16752130 51	13680292 51
8	63460306 49	10152419 51	86741021 49	16868573 51	13769801 51
6	47596495 49	10153227 51	65168012 49	16960798 51	13840722 51
4	31731600 49	10153804 51	43499212 49	17027578 51	13892090 51
2	15865980 49	10154152 51	21765851 49	17068016 51	13923203 51
128 x 10^{-11}	10154266 40	10154266 51	13933619 40	17081557 51	13933622 51

Φ: 10	y_R = 50000000 50	A_o = 48396838 50	y = 39038820 50	A_{xR} = 50432741 50	*Table 7*
t_R x 128	n_o	G_o	n_x	G_R	G_R / G_{RL}
128	10000000 51	10000000 51	10000000 51	10000000 51	10000000 51
126	98479159 50	99952670 50	98845463 50	10002191 51	99038664 50
125	97718184 50	99931084 50	98267333 50	10003943 51	98577214 50
124	96956840 50	99910865 50	97688571 50	10006160 51	98128527 50
122	95433023 50	99874509 50	96529047 50	10012069 51	97269280 50
120	93907697 50	99843533 50	95366609 50	10020088 51	96460759 50
116	90852433 50	99797339 50	93031776 50	10043170 51	94995830 50
112	87790911 50	99771470 50	90681448 50	10076948 51	93735084 50
108	84723072 50	99764840 50	88312672 50	10123123 51	92681933 50
104	81648848 50	99776228 50	85922139 50	10183553 51	91841685 50
100	78568227 50	99804241 50	83506182 50	10260250 51	91221431 50
96	75481245 50	99847330 50	81060705 50	10355382 51	90829920 50
88	69288484 50	99972079 50	76062735 50	10610233 51	90774789 50
80	63071463 50	10013666 51	70886858 50	10967446 51	91768706 50
72	56831591 50	10032706 51	65484676 50	11446175 51	93907109 50
64	50570675 50	10053003 51	59801743 50	12062283 51	97265055 50
56	44290816 50	10073366 51	53780160 50	12823389 51	10186129 51
48	37994291 50	10092782 51	47363585 50	13721978 51	10760928 51
40	31683494 50	10110421 51	40505153 50	14727390 51	11426101 51
36	28523503 50	10118364 51	36900839 50	15252470 51	11779186 51
32	25360858 50	10125631 51	33178432 50	15778960 51	12135963 51
28	22195858 50	10132164 51	29339892 50	16294323 51	12487293 51
24	19028809 50	10137916 51	25389987 50	16784481 51	12822983 51
20	15860005 50	10142848 51	21336525 50	17234390 51	13132195 51
16	12689744 50	10146926 51	17190466 50	17628828 51	13404005 51
14	11104160 50	10148635 51	15086984 50	17800669 51	13522607 51
12	95183222 49	10150123 51	12965845 50	17953331 51	13628059 51
10	79322672 49	10151384 51	10829239 50	18085297 51	13719277 51
8	63460306 49	10152420 51	86795030 49	18195219 51	13795299 51
6	47596495 49	10153227 51	65191026 49	18281949 51	13855309 51
4	31731600 49	10153804 51	43506080 49	18344575 51	13898654 51
2	15865980 49	10154152 51	21766715 49	18382421 51	13924853 51
128 x 10^{-11}	10154266 40	10154266 51	13933620 40	18395085 51	13933622 51

Φ: 10	y_R = 75000000 50	A_o = 48431646 50	y = 51975035 50	A_{xR} = 59025467 50	*Table 8*
t_R x 128	n_o	G_o	n_x	G_R	G_R / G_{RL}
128	10000000 51	10000000 51	10000000 51	10000000 51	10000000 51
126	98481374 50	99954010 50	98940272 50	10029966 51	98644591 50
125	97721406 50	99933235 50	98408296 50	10046307 51	98006249 50
124	96960977 50	99913936 50	97874860 50	10063592 51	97393505 50
122	95438808 50	99879640 50	96803390 50	10101090 51	96242883 50
120	93914850 50	99850982 50	95725481 50	10142680 51	95189338 50
116	90861631 50	99809827 50	93548697 50	10239051 51	93361943 50
112	87801333 50	99789106 50	91341078 50	10354593 51	91891660 50
108	84734033 50	99787295 50	89098898 50	10491286 51	90763667 50
104	81659817 50	99802825 50	86818144 50	10651183 51	89967066 50
100	78578805 50	99834054 50	84494501 50	10836385 51	89494137 50
96	75491130 50	99879330 50	82123350 50	11049006 51	89339598 50
88	69296466 50	10000526 51	77218623 50	11564729 51	89972755 50
80	63077356 50	10016725 51	72061589 50	12213405 51	91847502 50
72	56835579 50	10035257 51	66606720 50	13005811 51	94939178 50
64	50573145 50	10054931 51	60807476 50	13944703 51	99190977 50
56	44292198 50	10074684 51	54619840 50	15020064 51	10448373 51
48	37994974 50	10093587 51	48007407 50	16203892 51	11060454 51
40	31683784 50	10110848 51	40947946 50	17445773 51	11722096 51
36	28523678 50	10118656 51	37249363 50	18066105 51	12057564 51
32	25360955 50	10125819 51	33440921 50	18671269 51	12387188 51
28	22195911 50	10132277 51	29527121 50	19248790 51	12703531 51
24	19028833 50	10137979 51	25514587 50	19785544 51	12998835 51
20	15860014 50	10142879 51	21412133 50	20268242 51	13265302 51
16	12689748 50	10146939 51	17230728 50	20684051 51	13495436 51
14	11104162 50	10148643 51	15114405 50	20863141 51	13594707 51
12	95183231 49	10150127 51	12983363 50	21021227 51	13682406 51
10	79322672 49	10151387 51	10839501 50	21157127 51	13757847 51
8	63460306 49	10152421 51	86848102 49	21269795 51	13820426 51
6	47596495 49	10153228 51	65213586 49	21358361 51	13869640 51
4	31731600 49	10153804 51	43512800 49	21422130 51	13905085 51
2	15865980 49	10154152 51	21767556 49	21460598 51	13926472 51
128 x 10^{-11}	10154266 40	10154266 51	13933619 40	21473455 51	13933621 51

Φ: 10	y_R = 10000000 51	A_o = 48453280 50	y = 61803400 50	A_{xR} = 71211545 50	Table 9
$t_R \times 128$	n_o	G_o	n_x	G_R	G_R / G_{RL}
128	10000000 51	10000000 51	10000000 51	10000000 51	10000000 51
126	98482279 50	99954751 50	99002407 50	10068996 51	98226029 50
125	97722695 50	99934425 50	98500491 50	10105571 51	97405131 50
124	96962643 50	99915566 50	97996421 50	10143572 51	96626291 50
122	95441105 50	99882259 50	96981624 50	10223975 51	95189298 50
120	93917691 50	99854600 50	95957581 50	10310452 51	93904944 50
116	90865220 50	99815569 50	93879965 50	10502641 51	91759765 50
112	87805349 50	99796859 50	91759824 50	10722196 51	90131769 50
108	84738209 50	99796815 50	89593180 50	10971189 51	88974844 50
104	81663961 50	99813749 50	87375820 50	11251682 51	88252681 50
100	78582758 50	99846002 50	85103312 50	11565678 51	87936396 50
96	75494790 50	99891883 50	82771025 50	11915075 51	88002658 50
88	69299381 50	10001782 51	77907679 50	12726715 51	89208233 50
80	63079475 50	10017856 51	72745739 50	13696814 51	91740540 50
72	56837008 50	10036180 51	67244461 50	14828351 51	95479579 50
64	50574025 50	10055620 51	61364921 50	16113181 51	10028351 51
56	44292684 50	10075152 51	55073519 50	17527693 51	10596090 51
48	37995214 50	10093870 51	48346568 50	19028785 51	11224773 51
40	31683884 50	10111000 51	41175601 50	20551467 51	11879382 51
36	28523739 50	10118758 51	37426504 50	21294713 51	12203117 51
32	25360990 50	10125885 51	33572899 50	22009678 51	12516498 51
28	22195928 50	10132318 51	29620318 50	22683256 51	12813197 51
24	19028841 50	10138002 51	25576048 50	23302056 51	13086815 51
20	15860019 50	10142889 51	21449131 50	23852870 51	13331095 51
16	12689749 50	10146942 51	17250298 50	24323228 51	13540165 51
14	11104163 50	10148645 51	15127696 50	24524672 51	13629824 51
12	95183231 49	10150129 51	12991832 50	24701932 51	13708776 51
10	79322672 49	10151388 51	10844452 50	24853895 51	13776499 51
8	63460306 49	10152421 51	86873664 49	24979598 51	13832546 51
6	47596495 49	10153228 51	65224442 49	25078225 51	13876537 51
4	31731600 49	10153804 51	43516034 49	25149141 51	13908178 51
2	15865980 49	10154152 51	21767964 49	25191879 51	13927249 51
128×10^{-11}	10154266 40	10154266 51	13933620 40	25206159 51	13933622 51

Φ: 10	y_R = 15000000 51	A_o = 48473139 50	y = 75000000 50	A_{xR} = 10513290 51	Table 10
$t_R \times 128$	n_o	G_o	n_x	G_R	G_R / G_{RL}
128	10000000 51	10000000 51	10000000 51	10000000 51	10000000 51
126	98482958 50	99955431 50	99074921 50	10177058 51	97247706 50
125	97723691 50	99935455 50	98607890 50	10269219 51	96019901 50
124	96963912 50	99916986 50	98137788 50	10363848 51	94882261 50
122	95442859 50	99884468 50	97188141 50	10560666 51	92854970 50
120	93919828 50	99857648 50	96225536 50	10767806 51	91125890 50
116	90867911 50	99820242 50	94259559 50	11214205 51	88435472 50
112	87808350 50	99803024 50	92236007 50	11705317 51	86605814 50
108	84741323 50	99804240 50	90150874 50	12243292 51	85490160 50
104	81667016 50	99822183 50	88000021 50	12830107 51	84980782 50
100	78585656 50	99855114 50	85779199 50	13467490 51	84996673 50
96	75497468 50	99901344 50	83484074 50	14156842 51	85475272 50
88	69301499 50	10002713 51	78653380 50	15694840 51	87630946 50
80	63081013 50	10018684 51	73473121 50	17444895 51	91140676 50
72	56838026 50	10036853 51	67910324 50	19395458 51	95761563 50
64	50574650 50	10056118 51	61936391 50	21518442 51	10126326 51
56	44293034 50	10075487 51	55530244 50	23765291 51	10739478 51
48	37995390 50	10094073 51	48682048 50	26064236 51	11386424 51
40	31683959 50	10111106 51	41397101 50	28320108 51	12033108 51
36	28523784 50	10118831 51	37597540 50	29396554 51	12344504 51
32	25361018 50	10125931 51	33699422 50	30417989 51	12641242 51
28	22195941 50	10132346 51	29709075 50	31368375 51	12918245 51
24	19028846 50	10138017 51	25634237 50	32231749 51	13170515 51
20	15860020 50	10142898 51	21483979 50	32992766 51	13393298 51
16	12689750 50	10146945 51	17268650 50	33637220 51	13582221 51
14	11104163 50	10148647 51	15140136 50	33911747 51	13662767 51
12	95183241 49	10150129 51	12999747 50	34152587 51	13733458 51
10	79322672 49	10151388 51	10849072 50	34358532 51	13793928 51
8	63460306 49	10152422 51	86897487 49	34528515 51	13843852 51
6	47596495 49	10153228 51	65234551 49	34661656 51	13882966 51
4	31731600 49	10153804 51	43519041 49	34757260 51	13911055 51
2	15865980 49	10154152 51	21768340 49	34814829 51	13927972 51
128×10^{-11}	10154266 40	10154266 51	13933620 40	34834055 51	13933622 51

Φ: 10	y_R = 20000000 51	A_0 = 48481136 50	y = 82842710 50	A_{xR} = 15143523 51	Table 11
t_R x 128	n_o	G_o	n_x	G_R	G_R / G_{RL}
128	10000000 51	10000000 51	10000000 51	10000000 51	10000000 51
126	98483214 50	99955691 50	99113046 50	10324178 51	96051830 50
125	97724053 50	99935855 50	98664277 50	10491728 51	94363641 50
124	96964377 50	99917536 50	98211896 50	10662978 51	92840173 50
122	95443498 50	99885318 50	97296102 50	11016751 51	90225227 50
120	93920616 50	99858797 50	96365197 50	11385847 51	88102136 50
116	90868890 50	99821999 50	94456238 50	12171319 51	85028122 50
112	87809426 50	99805318 50	92481229 50	13021926 51	83163020 50
108	84742428 50	99806990 50	90436293 50	13939930 51	82217178 50
104	81668104 50	99825259 50	88317473 50	14927250 51	81997335 50
100	78586695 50	99858407 50	86120738 50	15985352 51	82369234 50
96	75498420 50	99904753 50	83842051 50	17115146 51	83236028 50
88	69302248 50	10003047 51	79022794 50	19589865 51	86180491 50
80	63081550 50	10018978 51	73828588 50	22342430 51	90412670 50
72	56838392 50	10037089 51	68231287 50	25345919 51	95632653 50
64	50574870 50	10056294 51	62208095 50	28550697 51	10158004 51
56	44293156 50	10075605 51	55744488 50	31880380 51	10799154 51
48	37995446 50	10094145 51	48837401 50	35229782 51	11457902 51
40	31683984 50	10111143 51	41498453 50	38466237 51	12102197 51
36	28523798 50	10118858 51	37675375 50	39994506 51	12408148 51
32	25361025 50	10125949 51	33756703 50	41435642 51	12697368 51
28	22195946 50	10132356 51	29749076 50	42768898 51	12965421 51
24	19028848 50	10138023 51	25660351 50	43973950 51	13208012 51
20	15860022 50	10142900 51	21499560 50	45031416 51	13421090 51
16	12689750 50	10146947 51	17276830 50	45923548 51	13600967 51
14	11104163 50	10148648 51	15145674 50	46302654 51	13677431 51
12	95183241 49	10150129 51	13003267 50	46634797 51	13744435 51
10	79322672 49	10151389 51	10851124 50	46918481 51	13801671 51
8	63460306 49	10152422 51	86908057 49	47152404 51	13848871 51
6	47596495 49	10153228 51	65239028 49	47335487 51	13885818 51
4	31731600 49	10153804 51	43520370 49	47466875 51	13912333 51
2	15865980 49	10154152 51	21768505 49	47545956 51	13928292 51
128×10^{-11}	10154266 40	10154266 51	13933619 40	47572357 51	13933621 51

Φ: 10	y_R = 30000000 51	A_0 = 48487228 50	y = 90832695 50	A_{xR} = 28158423 51	Table 12
t_R x 128	n_o	G_o	n_x	G_R	G_R / G_{RL}
128	10000000 51	10000000 51	10000000 51	10000000 51	10000000 51
126	98483401 50	99955891 50	99148658 50	10737233 51	93075206 50
125	97724316 50	99936164 50	98716890 50	11116097 51	90411150 50
124	96964706 50	99917956 50	98280981 50	11501881 51	88150731 50
122	95443955 50	99885967 50	97396533 50	12294459 51	84581302 50
120	93921169 50	99859676 50	96494876 50	13115461 51	81975807 50
116	90869597 50	99823297 50	94638134 50	14844542 51	78735724 50
112	87810214 50	99806994 50	92707131 50	16692461 51	77239433 50
108	84743229 50	99808994 50	90698181 50	18661919 51	76885835 50
104	81668893 50	99827509 50	88607565 50	20754850 51	77338382 50
100	78587445 50	99860804 50	86431562 50	22972221 51	78393272 50
96	75499103 50	99907227 50	84166490 50	25313869 51	79918855 50
88	69302784 50	10003287 51	79354805 50	30362309 51	84046816 50
80	63081938 50	10019189 51	74145375 50	35867659 51	89246494 50
72	56838651 50	10037259 51	68514903 50	41764868 51	95209349 50
64	50575025 50	10056420 51	62446194 50	47949496 51	10168222 51
56	44293244 50	10075689 51	55930722 50	54272788 51	10841752 51
48	37995491 50	10094195 51	48971421 50	60540364 51	11515083 51
40	31684003 50	10111170 51	41585280 50	66516622 51	12159463 51
36	28523810 50	10118875 51	37741842 50	69313328 51	12461314 51
32	25361030 50	10125961 51	33805476 50	71936452 51	12744459 51
28	22195948 50	10132364 51	29783041 50	74351426 51	13005098 51
24	19028850 50	10138027 51	25682474 50	76524698 51	13239582 51
20	15860022 50	10142902 51	21512734 50	78424589 51	13444496 51
16	12689750 50	10146948 51	17283736 50	80022296 51	13616750 51
14	11104163 50	10148649 51	15150346 50	80699832 51	13689778 51
12	95183241 49	10150130 51	13006234 50	81292757 51	13753676 51
10	79322672 49	10151389 51	10852854 50	81798674 51	13808188 51
8	63460306 49	10152422 51	86916967 49	82215505 51	13853095 51
6	47596495 49	10153228 51	65242806 49	82541523 51	13888217 51
4	31731600 49	10153804 51	43521494 49	82775371 51	13913406 51
2	15865980 49	10154152 51	21768647 49	82916083 51	13928561 51
128×10^{-11}	10154266 40	10154266 51	13933620 40	82963049 51	13933620 51

Φ: 20	y_R = 62500000 49	A_o = 48160988 50	y = 60577385 49	A_{xR} = 49234364 50	Table 13
$t_R \times 128$	n_o	G_o	n_x	G_R	G_R / G_{RL}
128	10000000 51	10000000 51	10000000 51	10000000 51	10000000 51
126	98467878 50	99942418 50	98498901 50	99974766 50	99874921 50
125	97701934 50	99913540 50	97748640 50	99961177 50	99812098 50
124	96936070 50	99884613 50	96998587 50	99946898 50	99749036 50
122	95404610 50	99826538 50	95499086 50	99916274 50	99622209 50
120	93873469 50	99768235 50	94000432 50	99882793 50	99494337 50
116	90812249 50	99650841 50	91005790 50	99806931 50	99235138 50
112	87752473 50	99532429 50	88014920 50	99718467 50	98970576 50
108	84694199 50	99413080 50	85028103 50	99616558 50	98699795 50
104	81637473 50	99293031 50	82045636 50	99500382 50	98421953 50
100	78582305 50	99172713 50	79067865 50	99369035 50	98136151 50
96	75528728 50	99052758 50	76095108 50	99221832 50	97841697 50
88	69426163 50	98818738 50	70166049 50	98877726 50	97224664 50
80	63328825 50	98606953 50	64261188 50	98468331 50	96570963 50
72	57234156 50	98450392 50	58382617 50	98007858 50	95894318 50
64	51136440 50	98413851 50	52530389 50	97543365 50	95240321 50
56	45024158 50	98616940 50	46699342 50	97195361 50	94725812 50
48	38875991 50	99254254 50	40872400 50	97240559 50	94618878 50
40	32657309 50	10055037 51	35007014 50	98262955 50	95484991 50
36	29507996 50	10146630 51	32033939 50	99457561 50	96589678 50
32	26325733 50	10250380 51	29011073 50	10135144 51	98377804 50
28	23108623 50	10356289 51	25913922 50	10415836 51	10105604 51
24	19858393 50	10452237 51	22711922 50	10806961 51	10480917 51
20	16580261 50	10528603 51	19370392 50	11316769 51	10971659 51
16	13281446 50	10581832 51	15855688 50	11929604 51	11562629 51
14	11626583 50	10600368 51	14025387 50	12259670 51	11881182 51
12	99691603 49	10614357 51	12144542 50	12591923 51	12201968 51
10	83098406 49	10624563 51	10213927 50	12912807 51	12511864 51
8	66491638 49	10631740 51	82365080 49	13206825 51	12795874 51
6	49875534 49	10636566 51	62176456 49	13457727 51	13038273 51
4	33253331 49	10639601 51	41650893 49	13650111 51	13224157 51
2	16627506 49	10641255 51	20887150 49	13771207 51	13341169 51
128×10^{-11}	10641777 40	10641778 51	13381128 40	13812560 51	13381128 51

Φ: 20	y_R = 93750000 49	A_o = 47436325 50	y = 89458405 49	A_{xR} = 49014255 50	Table 14
$t_R \times 128$	n_o	G_o	n_x	G_R	G_R / G_{RL}
128	10000000 51	10000000 51	10000000 51	10000000 51	10000000 51
126	98480842 50	99919975 50	98527184 50	99967590 50	99815561 50
125	97721396 50	99880020 50	97791151 50	99950169 50	99723229 50
124	96962033 50	99840134 50	97055369 50	99931927 50	99630813 50
122	95443564 50	99760519 50	95584584 50	99892946 50	99445699 50
120	93925453 50	99681157 50	94114863 50	99850582 50	99260123 50
116	90890232 50	99523495 50	91178713 50	99755504 50	98887382 50
112	87856379 50	99367705 50	88247156 50	99646310 50	98512101 50
108	84823816 50	99214657 50	85320440 50	99522767 50	98133985 50
104	81792466 50	99065499 50	82398800 50	99384867 50	97752940 50
100	78762180 50	98921853 50	79482439 50	99232977 50	97369233 50
96	75732750 50	98785912 50	76571555 50	99067921 50	96983589 50
88	69675141 50	98549854 50	70766657 50	98705531 50	96213120 50
80	63615600 50	98394380 50	64984003 50	98324790 50	95467004 50
72	57546894 50	98382151 50	59220657 50	97985851 50	94802323 50
64	51456710 50	98612057 50	53468037 50	97811290 50	94335699 50
56	45325508 50	99219265 50	47706896 50	98035927 50	94290601 50
48	39125730 50	10033077 51	41898662 50	99081865 50	95068482 50
40	32826750 50	10193002 51	35972411 50	10163651 51	97322542 50
36	29633169 50	10282435 51	32930193 50	10376691 51	99275868 50
32	26409743 50	10369693 51	29809808 50	10662817 51	10193376 51
28	23158783 50	10448105 51	26588314 50	11030925 51	10538029 51
24	19884371 50	10512884 51	23241373 50	11482404 51	10962803 51
20	16591534 50	10562163 51	19746266 50	12005546 51	11456500 51
16	13285319 50	10596797 51	16086560 50	12570046 51	11990243 51
14	11628601 50	10609380 51	14193010 50	12852483 51	12257549 51
12	99701044 49	10619317 51	12258002 50	13124373 51	12514993 51
10	83102234 49	10626987 51	10283856 50	13376611 51	12753915 51
8	66492900 49	10632741 51	82742586 49	13599772 51	12965354 51
6	49875830 49	10636885 51	62342567 49	13784735 51	13140636 51
4	33253372 49	10639664 51	41701639 49	13923394 51	13272057 51
2	16627508 49	10641259 51	20893611 49	14009339 51	13353525 51
128×10^{-11}	10641777 40	10641778 51	13381128 40	14038460 51	13381129 51

Φ: 20	y_R = 12500000 50	A_o = 46818870 50	y = 11743140 50	A_{xR} = 48898942 50	Table 15
$t_R \times 128$	n_o	G_o	n_x	G_R	G_R / G_{RL}
128	10000000 51	10000000 51	10000000 51	10000000 51	10000000 51
126	98492536 50	99900985 50	98553962 50	99963883 50	99758102 50
125	97738906 50	99851805 50	97831362 50	99944539 50	99637456 50
124	96985360 50	99802835 50	97109040 50	99924323 50	99517000 50
122	95478477 50	99705633 50	95665248 50	99881339 50	99276665 50
120	93971850 50	99609524 50	94222621 50	99834932 50	99037070 50
116	90959379 50	99421036 50	91340910 50	99731967 50	98560156 50
112	87947764 50	99238756 50	88464054 50	99615862 50	98086449 50
108	84936828 50	99064390 50	85592164 50	99487464 50	97616564 50
104	81926268 50	98900244 50	82725309 50	99348107 50	97151587 50
100	78915750 50	98749200 50	79863488 50	99199855 50	96693313 50
96	75904755 50	98615057 50	77006612 50	99045731 50	96244431 50
88	69878738 50	98417600 50	71306686 50	98738744 50	95392084 50
80	63840919 50	98361552 50	65621400 50	98485250 50	94648157 50
72	57779876 50	98525123 50	59941620 50	98391438 50	94111411 50
64	51678815 50	99007814 50	54249588 50	98642552 50	93954576 50
56	45515334 50	99901524 50	48513295 50	99545269 50	94463662 50
48	39264615 50	10121548 51	42678532 50	10156950 51	96076545 50
40	32908050 50	10278079 51	36659812 50	10534556 51	99379669 50
36	29688868 50	10355478 51	33544733 50	10809921 51	10185876 51
32	26444590 50	10426298 51	30335497 50	11151015 51	10496355 51
28	23178380 50	10487246 51	27013212 50	11558240 51	10869702 51
24	19894061 50	10536690 51	23560155 50	12024020 51	11298760 51
20	16595609 50	10574612 51	19962496 50	12529829 51	11766158 51
16	13286694 50	10602164 51	16213702 50	13044350 51	12242598 51
14	11629312 50	10612581 51	14283471 50	13291708 51	12471901 51
12	99704353 49	10621068 51	12318098 50	13524262 51	12687597 51
10	83103570 49	10627839 51	10320281 50	13735513 51	12883620 51
8	66493338 49	10633094 51	82936413 49	13919051 51	13053986 51
6	49875938 49	10636996 51	62426864 49	14068918 51	13193132 51
4	33253384 49	10639687 51	41727175 49	14179985 51	13296272 51
2	16627508 49	10641260 51	20896845 49	14248296 51	13359715 51
128×10^{-11}	10641777 40	10641778 51	13381128 40	14271351 51	13381129 51

Φ: 20	y_R = 18750000 50	A_o = 45849756 50	y = 17074405 50	A_{xR} = 48970200 50	Table 16
$t_R \times 128$	n_o	G_o	n_x	G_R	G_R / G_{RL}
128	10000000 51	10000000 51	10000000 51	10000000 51	10000000 51
126	98512578 50	99871568 50	98603292 50	99966397 50	99648310 50
125	97768887 50	99808341 50	97905347 50	99948551 50	99474139 50
124	97025195 50	99745824 50	97207665 50	99930060 50	99301107 50
122	95537800 50	99623001 50	95813116 50	99891201 50	98958478 50
120	94050347 50	99503391 50	94419635 50	99850031 50	98620568 50
116	91075089 50	99275060 50	91635803 50	99761945 50	97959654 50
112	88098955 50	99063709 50	88855976 50	99668527 50	97320295 50
108	85121381 50	98872821 50	86079865 50	99573370 50	96705238 50
104	82141678 50	98706634 50	83307047 50	99481195 50	96118304 50
100	79159000 50	98570184 50	80536916 50	99398121 50	95564604 50
96	76172348 50	98469385 50	77768668 50	99331961 50	95050806 50
88	70182083 50	98402918 50	72233188 50	99292848 50	94179816 50
80	64158631 50	98570769 50	66687577 50	99478051 50	93605671 50
72	58086146 50	99039029 50	61110700 50	10006195 51	93482982 50
64	51946155 50	99850153 50	55469655 50	10129828 51	94037407 50
56	45720745 50	10098058 51	49715389 50	10353058 51	95574491 50
48	39398006 50	10230605 51	43778702 50	10717132 51	98460265 50
40	32977528 50	10362250 51	37569294 50	11260935 51	10303753 51
36	29734113 50	10421336 51	34329861 50	11606754 51	10601648 51
32	26471723 50	10473546 51	30983109 50	11999514 51	10943312 51
28	23193142 50	10518028 51	27517581 50	12431610 51	11321804 51
24	19901192 50	10554635 51	23924843 50	12889390 51	11724760 51
20	16598564 50	10583741 51	20201241 50	13352582 51	12133894 51
16	13287683 50	10606038 51	16349583 50	13794809 51	12525459 51
14	11629823 50	10614882 51	14378741 50	13998581 51	12706131 51
12	99706734 49	10622322 51	12380553 50	14185485 51	12871962 51
10	83104531 49	10628448 51	10357695 50	14351606 51	13019434 51
8	66493656 49	10633343 51	83133545 49	14493274 51	13145254 51
6	49876013 49	10637076 51	62511927 49	14607204 51	13246474 51
4	33253397 49	10639702 51	41752790 49	14690665 51	13320642 51
2	16627508 49	10641261 51	20900080 49	14741595 51	13365909 51
128×10^{-11}	10641777 40	10641778 51	13381128 40	14758718 51	13381128 51

Φ: 20	y_R = 25000000 50	A_o = 45158461 50	y = 22069555 50	A_{xR} = 49422067 50	Table 17
t_R x 128	n_o	G_o	n_x	G_R	G_R / G_{RL}
128	10000000 51	10000000 51	10000000 51	10000000 51	10000000 51
126	98528909 50	99850998 50	98647459 50	99981360 50	99544321 50
125	97793213 50	99778291 50	97971495 50	99971661 50	99320160 50
124	97057435 50	99706832 50	97295710 50	99961806 50	99098500 50
122	95585523 50	99567878 50	95944700 50	99941806 50	98662771 50
120	94113084 50	99434560 50	94594376 50	99921854 50	98237416 50
116	91166285 50	99186688 50	91895529 50	99884411 50	97419208 50
112	88216284 50	98967254 50	89198532 50	99854808 50	96647372 50
108	85262161 50	98780958 50	86502604 50	99839683 50	95926616 50
104	82302878 50	98633073 50	83806734 50	99847150 50	95262990 50
100	79337227 50	98529477 50	81109674 50	99887161 50	94664214 50
96	76363823 50	98476533 50	78409855 50	99971792 50	94139918 50
88	70387419 50	98548920 50	72993825 50	10033593 51	93364349 50
80	64359488 50	98899016 50	67537680 50	10109196 51	93062003 50
72	58264397 50	99554755 50	62011102 50	10244728 51	93406008 50
64	52087440 50	10049789 51	56371754 50	10466696 51	94618623 50
56	45818426 50	10164514 51	50563016 50	10805748 51	96956442 50
48	39455164 50	10285741 51	44513610 50	11291278 51	10066348 51
40	33004772 50	10398432 51	38141522 50	11940004 51	10587270 51
36	29751244 50	10447916 51	34808542 50	12322891 51	10901381 51
32	26481720 50	10491689 51	31365555 50	12737522 51	11244799 51
28	23198470 50	10529422 51	27806131 50	13173648 51	11608558 51
24	19903733 50	10561111 51	24127163 50	13616774 51	11980062 51
20	16599606 50	10586986 51	20329920 50	14048367 51	12343259 51
16	13288029 50	10607404 51	16420950 50	14446771 51	12679443 51
14	11630002 50	10615690 51	14428207 50	14626300 51	12831169 51
12	99707559 49	10622762 51	12412650 50	14788873 51	12968676 51
10	83104859 49	10628663 51	10376751 50	14931759 51	13089612 51
8	66493769 49	10633431 51	83233194 49	15052456 51	13191820 51
6	49876041 49	10637104 51	62554667 49	15148776 51	13273419 51
4	33253400 49	10639707 51	41765604 49	15218924 51	13332864 51
2	16627508 49	10641261 51	20901691 49	15261562 51	13369003 51
128×10^{-11}	10641777 40	10641778 51	13381127 40	15275867 51	13381129 51

Φ: 20	y_R = 37500000 50	A_o = 44335314 50	y = 31122235 50	A_{xR} = 51364409 50	Table 18
t_R x 128	n_o	G_o	n_x	G_R	G_R / G_{RL}
128	10000000 51	10000000 51	10000000 51	10000000 51	10000000 51
126	98553144 50	99827373 50	98722504 50	10004484 51	99348901 50
125	97829209 50	99744453 50	98083654 50	10006907 51	99032585 50
124	97104923 50	99663878 50	97444701 50	10009466 51	98722457 50
122	95655196 50	99510062 50	96166441 50	10015044 51	98120917 50
120	94203853 50	99366467 50	94887573 50	10021321 51	97544585 50
116	91295725 50	99112280 50	92327342 50	10036429 51	96469340 50
112	88379349 50	98906064 50	89762518 50	10055800 51	95501129 50
108	85453388 50	98752751 50	87191337 50	10080604 51	94645969 50
104	82516452 50	98657141 50	84611747 50	10112187 51	93911461 50
100	79567023 50	98623723 50	82021345 50	10152087 51	93306982 50
96	76603545 50	98656348 50	79417348 50	10202050 51	92843682 50
88	70628085 50	98929513 50	74155283 50	10340202 51	92394219 50
80	64577869 50	99479379 50	68794057 50	10544773 51	92687262 50
72	58442912 50	10027454 51	63293587 50	10836552 51	93868473 50
64	52217445 50	10124643 51	57604690 50	11237021 51	96088676 50
56	45901389 50	10229993 51	51670043 50	11764279 51	99471320 50
48	39500520 50	10333521 51	45427606 50	12426222 51	10405886 51
40	33025331 50	10427008 51	38817782 50	13210951 51	10973819 51
36	29763948 50	10468230 51	35359932 50	13637588 51	11288901 51
32	26489030 50	10505220 51	31795115 50	14076228 51	11615933 51
28	23202331 50	10537772 51	28122434 50	14515705 51	11945972 51
24	19905559 50	10565804 51	24343912 50	14942655 51	12268380 51
20	16600353 50	10589319 51	20464925 50	15342023 51	12571225 51
16	13288278 50	10608381 51	16494469 50	15697903 51	12841938 51
14	11630130 50	10616268 51	14478763 50	15854598 51	12961352 51
12	99708159 49	10623076 51	12445222 50	15994640 51	13068178 51
10	83105102 49	10628815 51	10395971 50	16116325 51	13161074 51
8	66493844 49	10633495 51	83333194 49	16218123 51	13238839 51
6	49876059 49	10637124 51	62597386 49	16298727 51	13300444 51
4	33253400 49	10639712 51	41778376 49	16357084 51	13345062 51
2	16627508 49	10641262 51	20903297 49	16392413 51	13372081 51
128×10^{-11}	10641777 40	10641778 51	13381127 40	16404242 51	13381128 51

Φ: 20	y_R = 50000000 50	A_o = 43954857 50	y = 39038820 50	A_{xR} = 54540003 50	Table 19
$t_R \times 128$	n_o	G_o	n_x	G_R	G_R / G_{RL}
128	10000000 51	10000000 51	10000000 51	10000000 51	10000000 51
126	98569515 50	99817275 50	98782986 50	10014773 51	99163247 50
125	97853398 50	99730634 50	98173838 50	10022623 51	98761284 50
124	97136669 50	99647233 50	97564213 50	10030804 51	98370206 50
122	95701289 50	99490419 50	96343452 50	10048233 51	97620621 50
120	94263225 50	99347353 50	95120463 50	10067206 51	96914351 50
116	91378402 50	99104465 50	92666813 50	10110407 51	95631808 50
112	88480866 50	98922410 50	90201056 50	10161763 51	94524027 50
108	85569227 50	98804609 50	87720697 50	10222768 51	93594230 50
104	82642081 50	98753782 50	85222909 50	10295074 51	92847452 50
100	79698078 50	98771634 50	82704541 50	10380478 51	92290350 50
96	76735845 50	98858773 50	80162051 50	10480924 51	91931083 50
88	70751924 50	99235628 50	74988634 50	10735308 51	91844856 50
80	64682231 50	99857457 50	69666383 50	11075672 51	92674273 50
72	58522140 50	10067144 51	64152580 50	11519274 51	94506830 50
64	52271295 50	10160548 51	58398983 50	12080265 51	97410054 50
56	45933777 50	10258035 51	52354289 50	12765175 51	10139887 51
48	39517433 50	10352307 51	45968704 50	13566820 51	10639251 51
40	33032763 50	10437615 51	39201100 50	14457460 51	11216679 51
36	29768487 50	10475623 51	35665882 50	14920433 51	11522760 51
32	26491623 50	10510074 51	32028602 50	15383312 51	11831660 51
28	23203694 50	10540737 51	28291027 50	15835191 51	12135433 51
24	19906200 50	10567459 51	24457367 50	16263899 51	12425270 51
20	16600616 50	10590139 51	20534449 50	16656523 51	12691875 51
16	13288364 50	10608724 51	16531801 50	17000063 51	12925926 51
14	11630175 50	10616471 51	14504279 50	17149534 51	13027960 51
12	99708366 49	10623186 51	12461575 50	17282227 51	13118636 51
10	83105188 49	10628868 51	10405577 50	17396858 51	13197036 51
8	66493869 49	10633517 51	83382982 49	17492289 51	13262350 51
6	49876064 49	10637131 51	62618595 49	17567552 51	13313890 51
4	33253403 49	10639713 51	41784704 49	17621882 51	13351110 51
2	16627508 49	10641262 51	20904092 49	17654707 51	13373603 51
128×10^{-11}	10641777 40	10641778 51	13381128 40	17665686 51	13381128 51

Φ: 20	y_R = 75000000 50	A_o = 43752362 50	y = 51975035 50	A_{xR} = 64063488 50	Table 20
$t_R \times 128$	n_o	G_o	n_x	G_R	G_R / G_{RL}
128	10000000 51	10000000 51	10000000 51	10000000 51	10000000 51
126	98588730 50	99813267 50	98872103 50	10045376 51	98796148 50
125	97881611 50	99726322 50	98306369 50	10069170 51	98229288 50
124	97173462 50	99643738 50	97739402 50	10093730 51	97685175 50
122	95754045 50	99491695 50	96601569 50	10145253 51	96663667 50
120	94330341 50	99357358 50	95458253 50	10200142 51	95728620 50
116	91469453 50	99142550 50	93153769 50	10320833 51	94107650 50
112	88589673 50	99000191 50	90822895 50	10457493 51	92804844 50
108	85689959 50	98930222 50	88462327 50	10611882 51	91806983 50
104	82769351 50	98931550 50	86068513 50	10785820 51	91104301 50
100	79827008 50	99002022 50	83637606 50	10981155 51	90689744 50
96	76862243 50	99138355 50	81165511 50	11199735 51	90558356 50
88	70863519 50	99590101 50	76080133 50	11713683 51	91131606 50
80	64771206 50	10024074 51	70774939 50	12340301 51	92801788 50
72	58586406 50	10103338 51	65209982 50	13087972 51	95538933 50
64	52313190 50	10190668 51	59344860 50	13957535 51	99282253 50
56	45958163 50	10280134 51	53141919 50	14938280 51	10391482 51
48	39529879 50	10366478 51	46570739 50	16003795 51	10923872 51
40	33038150 50	10445395 51	39613749 50	17108745 51	11495642 51
36	29771764 50	10480997 51	35990118 50	17656418 51	11784133 51
32	26493488 50	10513579 51	32272383 50	18188206 51	12066707 51
28	23204670 50	10542869 51	28464630 50	18693536 51	12337082 51
24	19906661 50	10568644 51	24572724 50	19161384 51	12588771 51
20	16600803 50	10590725 51	20604353 50	19580686 51	12815306 51
16	13288426 50	10608969 51	16568982 50	19940834 51	13010519 51
14	11630207 50	10616616 51	14529589 50	20095660 51	13094606 51
12	99708516 49	10623265 51	12477736 50	20232184 51	13168829 51
10	83105242 49	10628907 51	10415040 50	20349441 51	13232633 51
8	66493888 49	10633533 51	83431907 49	20446578 51	13285526 51
6	49876069 49	10637136 51	62639391 49	20522888 51	13327103 51
4	33253403 49	10639714 51	41790899 49	20577807 51	13357036 51
2	16627508 49	10641262 51	20904867 49	20610928 51	13375094 51
128×10^{-11}	10641777 40	10641778 51	13381127 40	20621993 51	13381128 51

Φ: 20	y_R = 10000000 51	A_o = 43781739 50	y = 61803400 50	A_{xR} = 77313838 50	*Table 21*
$t_R \times 128$	n_o	G_o	n_x	G_R	G_R / G_{RL}
128	10000000 51	10000000 51	10000000 51	10000000 51	10000000 51
126	98598642 50	99815362 50	98932440 50	10087685 51	98408346 50
125	97896064 50	99730322 50	98395888 50	10133316 51	97672559 50
124	97192208 50	99650126 50	97857422 50	10180174 51	96974957 50
122	95780599 50	99504304 50	96774567 50	10277681 51	95689322 50
120	94363688 50	99377863 50	95683487 50	10380426 51	94542249 50
116	91513551 50	99182743 50	93475022 50	10602515 51	92632347 50
112	88641044 50	99063443 50	91228672 50	10848219 51	91191130 50
108	85745520 50	99017735 50	88940872 50	11119309 51	90176076 50
104	82826437 50	99042596 50	86607861 50	11417519 51	89553425 50
100	79883406 50	99134129 50	84225703 50	11744496 51	89295989 50
96	76916198 50	99287679 50	81790309 50	12101758 51	89381466 50
88	70909025 50	99758931 50	76742762 50	12912168 51	90508170 50
80	64806038 50	10040768 51	71430401 50	13855689 51	92804676 50
72	58610723 50	10118035 51	65818388 50	14932285 51	96148809 50
64	52328615 50	10202268 51	59874166 50	16131732 51	10039896 51
56	45966966 50	10288324 51	53570533 50	17430281 51	10537201 51
48	39534308 50	10371597 51	46889505 50	18787815 51	11082629 51
40	33040050 50	10448161 51	39826627 50	20146585 51	11645347 51
36	29772917 50	10482898 51	36155360 50	20803849 51	11921823 51
32	26494143 50	10514814 51	32395211 50	21432678 51	12186368 51
28	23205013 50	10543618 51	28551178 50	22022171 51	12439767 51
24	19906823 50	10569061 51	24629689 50	22561317 51	12670804 51
20	16600869 50	10590931 51	20638584 50	23039360 51	12876434 51
16	13288449 50	10609054 51	16587061 50	23446222 51	13051956 51
14	11630218 50	10616667 51	14541860 50	23620092 51	13127095 51
12	99708572 49	10623292 51	12485552 50	23772909 51	13193198 51
10	83105266 49	10628920 51	10419607 50	23903787 51	13249855 51
8	66493894 49	10633538 51	83455475 49	24011950 51	13296708 51
6	49876069 49	10637139 51	62649394 49	24096760 51	13333463 51
4	33253403 49	10639714 51	41793878 49	24157707 51	13359887 51
2	16627508 49	10641262 51	20905243 49	24194424 51	13375809 51
128×10^{-11}	10641777 40	10641778 51	13381128 40	24206689 51	13381129 51

Φ: 20	y_R = 15000000 51	A_o = 43908751 50	y = 75000000 50	A_{xR} = 11407699 51	*Table 22*
$t_R \times 128$	n_o	G_o	n_x	G_R	G_R / G_{RL}
128	10000000 51	10000000 51	10000000 51	10000000 51	10000000 51
126	98607600 50	99820261 50	99004614 50	10204540 51	97510312 50
125	97909072 50	99738307 50	98502733 50	10310079 51	96401953 50
124	97208996 50	99661577 50	97997998 50	10417838 51	95376546 50
122	95804131 50	99523657 50	96979749 50	10640135 51	93553704 50
120	94392956 50	99406183 50	95949457 50	10871666 51	92004837 50
116	91551541 50	99231002 50	93851079 50	11363338 51	89611538 50
112	88684488 50	99132641 50	91699429 50	11894595 51	88006252 50
108	85791673 50	99107112 50	89490986 50	12467017 51	87052345 50
104	82873058 50	99149921 50	87222136 50	13081965 51	86648975 50
100	79928742 50	99256085 50	84889201 50	13740515 51	86719802 50
96	76958925 50	99420243 50	82488473 50	14443396 51	87205410 50
88	70944108 50	99899643 50	77468850 50	15982782 51	89238648 50
80	64832313 50	10054030 51	72134419 50	17695617 51	92450570 50
72	58628745 50	10129299 51	66458794 50	19566004 51	96603603 50
64	52339895 50	10210928 51	60420182 50	21563587 51	10147570 51
56	45973344 50	10294327 51	54004017 50	23641009 51	10683315 51
48	39537499 50	10375304 51	47205840 50	25732602 51	11241546 51
40	33041413 50	10450149 51	40034194 50	27755245 51	11793100 51
36	29773741 50	10484261 51	36315175 50	28710828 51	12056546 51
32	26494610 50	10515698 51	32513112 50	29612183 51	12306362 51
28	23205258 50	10544153 51	28633684 50	30446281 51	12538505 51
24	19906939 50	10569358 51	24683657 50	31200330 51	12749057 51
20	16600916 50	10591078 51	20670843 50	31862147 51	12934327 51
16	13288464 50	10609116 51	16604023 50	32420571 51	13090956 51
14	11630225 50	10616703 51	14553348 50	32657894 51	13157600 51
12	99708609 49	10623311 51	12492857 50	32865825 51	13216024 51
10	83105281 49	10628929 51	10423869 50	33043431 51	13265954 51
8	66493900 49	10633542 51	83477440 49	33189886 51	13307143 51
6	49876073 49	10637139 51	62658713 49	33304509 51	13339390 51
4	33253403 49	10639715 51	41796649 49	33386772 51	13362539 51
2	16627508 49	10641262 51	20905589 49	33436289 51	13376475 51
128×10^{-11}	10641777 40	10641778 51	13381128 40	33452821 51	13381128 51

Table 23

Φ: 20	$y_R =$ 20000000 51	$A_0 =$ 43993036 50	$y =$ 82842710 50	$A_{xR} =$ 16425739 51	
$t_R \times 128$	n_o	G_o	n_x	G_R	G_R / G_{RL}
128	10000000 51	10000000 51	10000000 51	10000000 51	10000000 51
126	98611262 50	99823202 50	99043239 50	10363654 51	96419098 50
125	97914375 50	99742920 50	98559830 50	10550477 51	94892035 50
124	97215806 50	99667978 50	98072986 50	10740678 51	93516690 50
122	95813605 50	99533920 50	97088825 50	11131335 51	91163649 50
120	94404666 50	99420536 50	96090370 50	11535873 51	89263017 50
116	91566530 50	99253892 50	94048923 50	12387491 51	86538286 50
112	88701401 50	99163890 50	91945349 50	13297194 51	84920987 50
108	85809426 50	99145881 50	89776309 50	14266315 51	84142185 50
104	82890787 50	99194957 50	87538432 50	15295785 51	84021746 50
100	79945797 50	99305848 50	85228337 50	16386047 51	84433933 50
96	76974840 50	99473065 50	82842686 50	17536968 51	85287473 50
88	70956958 50	99953580 50	77831719 50	20016688 51	88058187 50
80	64841800 50	10058969 51	72480945 50	22718229 51	91933408 50
72	58635180 50	10133406 51	66769238 50	25608747 51	96624329 50
64	52343900 50	10214036 51	60680916 50	28636132 51	10188401 51
56	45975593 50	10296640 51	54208014 50	31726824 51	10747139 51
48	39538620 50	10376611 51	47352659 50	34785460 51	11313394 51
40	33041694 50	10450846 51	40129314 50	37697287 51	11860271 51
36	29774033 50	10484739 51	36387987 50	39058325 51	12117701 51
32	26494773 50	10516007 51	32566541 50	40333941 51	12359767 51
28	23205343 50	10544341 51	28670889 50	41507532 51	12583037 51
24	19906978 50	10569462 51	24707889 50	42562989 51	12784216 51
20	16600933 50	10591128 51	20685269 50	43485154 51	12960244 51
16	13288469 50	10609138 51	16611583 50	44260263 51	13108359 51
14	11630229 50	10616715 51	14558463 50	44588853 51	13171188 51
12	99708619 49	10623319 51	12496104 50	44876365 51	13226181 51
10	83105281 49	10628933 51	10425762 50	45121645 51	13273108 51
8	66493906 49	10633543 51	83487188 49	45323708 51	13311775 51
6	49876073 49	10637139 51	62662838 49	45481733 51	13342021 51
4	33253403 49	10639715 51	41797871 49	45595070 51	13363715 51
2	16627508 49	10641262 51	20905742 49	45663262 51	13376768 51
128×10^{-11}	10641777 40	10641778 51	13381127 40	45686030 51	13381128 51

Table 24

Φ: 20	$y_R =$ 30000000 51	$A_0 =$ 44072612 50	$y =$ 90832695 50	$A_{xR} =$ 30534792 51	
$t_R \times 128$	n_o	G_o	n_x	G_R	G_R / G_{RL}
128	10000000 51	10000000 51	10000000 51	10000000 51	10000000 51
126	98614097 50	99825882 50	99079706 50	10810519 51	93710482 50
125	97918457 50	99747079 50	98613649 50	11225260 51	91299011 50
124	97221038 50	99673676 50	98143596 50	11646374 51	89258130 50
122	95820878 50	99542799 50	97191314 50	12507884 51	86049587 50
120	94413600 50	99432765 50	96222462 50	13395334 51	83725102 50
116	91577868 50	99272816 50	94233554 50	15249001 51	80880982 50
112	88714124 50	99189072 50	92173804 50	17208919 51	79629190 50
108	85822681 50	99176549 50	90040155 50	19275895 51	79415374 50
104	82903956 50	99230004 50	87829569 50	21449892 51	79928303 50
100	79958398 50	99344053 50	85539049 50	23729857 51	80978724 50
96	76986540 50	99513145 50	83165695 50	26113598 51	82443693 50
88	70966321 50	99993761 50	78159519 50	31176893 51	86301690 50
80	64848681 50	10062597 51	72791046 50	36593048 51	91051419 50
72	58639826 50	10136393 51	67044469 50	42286926 51	96399459 50
64	52346775 50	10216283 51	60909979 50	48151021 51	10210958 51
56	45977208 50	10297994 51	54385671 50	54043597 51	10795968 51
48	39539423 50	10377548 51	47479480 50	59789954 51	11372351 51
40	33042234 50	10451347 51	40210869 50	65188131 51	11916611 51
36	29774239 50	10485081 51	36450207 50	67688568 51	12169211 51
32	26494893 50	10516229 51	32612052 50	70019471 51	12404841 51
28	23205405 50	10544475 51	28702496 50	72153448 51	12620641 51
24	19907006 50	10569537 51	24728423 50	74064252 51	12813899 51
20	16600944 50	10591166 51	20697472 50	75727387 51	12982108 51
16	13288473 50	10609153 51	16617967 50	77120818 51	13123029 51
14	11630230 50	10616726 51	14562779 50	77710309 51	13182641 51
12	99708628 49	10623323 51	12498844 50	78225501 51	13234736 51
10	83105289 49	10628935 51	10427358 50	78664598 51	13279134 51
8	66493906 49	10633544 51	83495406 49	79026024 51	13315676 51
6	49876073 49	10637139 51	62666322 49	79308488 51	13344235 51
4	33253403 49	10639715 51	41798910 49	79510979 51	13364706 51
2	16627508 49	10641262 51	20905873 49	79632765 51	13377017 51
128×10^{-11}	10641777 40	10641778 51	13381128 40	79673418 51	13381128 51

Φ: 30	y_R = 62500000 49	A_o = 47212148 50	y = 60577385 49	A_{xR} = 50168595 50	Table 25
$t_R \times 128$	n_o	G_o	n_x	G_R	G_R / G_{RL}
128	10000000 51	10000000 51	10000000 51	10000000 51	10000000 51
126	98483027 50	99912500 50	98484396 50	10000411 51	99904236 50
125	97724746 50	99868462 50	97726814 50	10000528 51	99856135 50
124	96966624 50	99824206 50	96969383 50	10000584 51	99807861 50
122	95450627 50	99735045 50	95454994 50	10000514 51	99710814 50
120	93935653 50	99644953 50	93941236 50	10000194 51	99613021 50
116	90907252 50	99461736 50	90915743 50	99987699 50	99414871 50
112	87881614 50	99273986 50	87893098 50	99962528 50	99212807 50
108	84858924 50	99081180 50	84873515 50	99925779 50	99006170 50
104	81839428 50	98882745 50	81857219 50	99876811 50	98794302 50
100	78823320 50	98678235 50	78844462 50	99815023 50	98576605 50
96	75810833 50	98467270 50	75835484 50	99739828 50	98352487 50
88	69797668 50	98025509 50	69829935 50	99547705 50	97883442 50
80	63801538 50	97561148 50	63842634 50	99300360 50	97386959 50
72	57823268 50	97091995 50	57875194 50	99007651 50	96872551 50
64	51861320 50	96669329 50	51927809 50	98702699 50	96372282 50
56	45908468 50	96421253 50	45996975 50	98471008 50	95969047 50
48	39944329 50	96645165 50	40070694 50	98511041 50	95855107 50
40	33920106 50	97968729 50	34118479 50	99250653 50	96444766 50
36	30856531 50	99357108 50	31113696 50	10012219 51	97235142 50
32	27735010 50	10140346 51	28072745 50	10151976 51	98541185 50
28	24534528 50	10412166 51	24976905 50	10362053 51	10053423 51
24	21237488 50	10728252 51	21802235 50	10659528 51	10337932 51
20	17838419 50	11037434 51	18520755 50	11053952 51	10716856 51
16	14349826 50	11282571 51	15104336 50	11536124 51	11181253 51
14	12579949 50	11370917 51	13338490 50	11798853 51	11434592 51
12	10797953 50	11436541 51	11532305 50	12065179 51	11691536 51
10	90072375 49	11482313 51	96861286 49	12323992 51	11941332 51
8	72106325 49	11512216 51	78021226 49	12562396 51	12171497 51
6	54103073 49	11530415 51	58844578 49	12766715 51	12368798 51
4	36078031 49	11540592 51	39393222 49	12923891 51	12520599 51
2	18041447 49	11545547 51	19747139 49	13023044 51	12616369 51
128×10^{-11}	11547005 40	11547005 51	12649110 40	13056942 51	12649112 51

Φ: 30	y_R = 93750000 49	A_o = 46041765 50	y = 89458405 49	A_{xR} = 50376727 50	Table 26
$t_R \times 128$	n_o	G_o	n_x	G_R	G_R / G_{RL}
128	10000000 51	10000000 51	10000000 51	10000000 51	10000000 51
126	98503266 50	99875993 50	98506184 50	10001029 51	99858196 50
125	97755176 50	99813739 50	97759553 50	10001432 51	99787234 50
124	97007263 50	99751320 50	97013119 50	10001759 51	99716218 50
122	95512008 50	99625943 50	95520828 50	10002186 51	99574036 50
120	94017506 50	99499847 50	94029346 50	10002302 51	99431542 50
116	91030891 50	99245320 50	91048862 50	10001595 51	99145561 50
112	88047566 50	98987566 50	88071853 50	99996076 50	98857886 50
108	85067710 50	98726614 50	85098487 50	99963255 50	98568326 50
104	82091441 50	98462621 50	82128949 50	99917483 50	98276811 50
100	79118898 50	98196119 50	79163395 50	99858974 50	97983472 50
96	76150148 50	97928133 50	76201969 50	99788352 50	97688862 50
88	70224089 50	97395318 50	70291851 50	99615933 50	97100534 50
80	64312225 50	96891872 50	64398595 50	99419582 50	96529976 50
72	58410534 50	96478489 50	58520169 50	99242425 50	96018071 50
64	52508975 50	96280436 50	52650486 50	99172705 50	95648738 50
56	46585623 50	96543017 50	46775754 50	99381140 50	95584422 50
48	40596085 50	97704532 50	40867969 50	10018071 51	96122818 50
40	34469456 50	10038408 51	34874672 50	10209825 51	97764684 50
36	31318613 50	10243687 51	31819628 50	10370606 51	99217652 50
32	28091890 50	10490361 51	28705958 50	10588399 51	10122235 51
28	24779523 50	10757458 51	25515463 50	10871563 51	10385788 51
24	21381313 50	11012746 51	22228377 50	11222885 51	10715028 51
20	17907266 50	11224636 51	18825704 50	11634710 51	11102623 51
16	14375063 50	11376178 51	15293060 50	12083901 51	11526522 51
14	12593364 50	11429393 51	13475984 50	12310263 51	11740428 51
12	10804317 50	11469538 51	11625661 50	12529086 51	11947346 51
10	90098375 49	11498698 51	97438238 49	12732835 51	12140108 51
8	72114931 49	11519049 51	78333412 49	12913647 51	12311236 51
6	54105131 49	11532599 51	58982194 49	13063882 51	12453465 51
4	36078300 49	11541027 51	39435319 49	13176716 51	12560309 51
2	18041455 49	11545575 51	19752503 49	13246742 51	12626627 51
128×10^{-11}	11547005 40	11547005 51	12649110 40	13270483 51	12649112 51

Φ: 30	y_R = 12500000 50	A_o = 44997794 50	y = 11743140 50	A_{xR} = 50665106 50	Table 27
t_R x 128	n_o	G_o	n_x	G_R	G_R / G_{RL}
128	10000000 51	10000000 51	10000000 51	10000000 51	10000000 51
126	98522028 50	99843554 50	98526926 50	10001913 51	99813235 50
125	97783340 50	99765246 50	97790707 50	10002747 51	99720133 50
124	97044861 50	99666859 50	97054697 50	10003499 51	99627216 50
122	95568490 50	99529933 50	95583322 50	10004752 51	99441840 50
120	94092947 50	99372774 50	94112820 50	10005677 51	99257135 50
116	91144363 50	99057989 50	91174493 50	10006549 51	98889760 50
112	88199186 50	98742984 50	88239821 50	10006150 51	98525245 50
108	85257453 50	98428615 50	85308894 50	10004536 51	98163969 50
104	82319161 50	98116169 50	82381763 50	10001809 51	97806757 50
100	79384242 50	97807627 50	79458425 50	99981191 50	97454906 50
96	76452523 50	97505854 50	76538825 50	99936856 50	97110352 50
88	70597568 50	96940540 50	70710117 50	99839584 50	96455612 50
80	64746661 50	96476088 50	64892663 50	99768416 50	95881329 50
72	58896966 50	96217227 50	59079892 50	99800563 50	95459239 50
64	53022240 50	96351427 50	53258915 50	10007187 51	95315966 50
56	47089722 50	97189076 50	47406302 50	10081084 51	95664628 50
48	41041421 50	99159888 50	41481815 50	10237689 51	96840270 50
40	34795075 50	10260335 51	35420691 50	10527162 51	99309917 50
36	31570431 50	10481483 51	32310435 50	10739230 51	10119266 51
32	28266583 50	10717155 51	29128277 50	11003605 51	10357599 51
28	24869530 50	10945492 51	25858906 50	11321639 51	10647196 51
24	21440308 50	11144838 51	22487619 50	11688332 51	10983320 51
20	17953534 50	11301099 51	19002568 50	12089650 51	11352807 51
16	14364238 50	11411252 51	15397592 50	12500759 51	11732418 51
14	12598169 50	11450718 51	13550525 50	12699314 51	11916045 51
12	10806573 50	11481349 51	11675281 50	12886479 51	12089270 51
10	90107531 49	11504496 51	97739511 49	13056887 51	12247083 51
8	72117956 49	11521451 51	78493958 49	13205220 51	12384519 51
6	54105648 49	11533365 51	59052098 49	13326527 51	12496954 51
4	36078397 49	11541179 51	39456510 49	13416531 51	12580398 51
2	18041458 49	11545584 51	19755188 49	13471931 51	12631767 51
128×10^{-11}	11547005 40	11547005 51	12649110 40	13490634 51	12649111 51

Φ: 30	y_R = 18750000 50	A_o = 43234105 50	y = 17074405 50	A_{xR} = 51475803 50	Table 28
t_R x 128	n_o	G_o	n_x	G_R	G_R / G_{RL}
128	10000000 51	10000000 51	10000000 51	10000000 51	10000000 51
126	98555605 50	99789113 50	98565511 50	10004453 51	99726194 50
125	97833691 50	99684104 50	97848567 50	10006563 51	99590662 50
124	97111936 50	99579405 50	97131830 50	10008597 51	99456035 50
122	95669055 50	99371043 50	95698959 50	10012447 51	99189569 50
120	94226859 50	99164221 50	94266885 50	10016021 51	98926928 50
116	91344572 50	98756097 50	91405091 50	10022423 51	98413587 50
112	88464871 50	98357324 50	88546295 50	10028007 51	97917430 50
108	85587460 50	97970937 50	85690287 50	10033041 51	97440472 50
104	82711699 50	97600994 50	82836749 50	10037875 51	96985518 50
100	79837555 50	97252879 50	79985232 50	10042960 51	96556302 50
96	76963613 50	96933583 50	77135148 50	10048875 51	96157738 50
88	71212213 50	96420361 50	71435839 50	10066331 51	95479707 50
80	65444219 50	96168646 50	65729201 50	10098711 51	95025647 50
72	59637476 50	96345963 50	59999561 50	10159068 51	94911200 50
64	53757285 50	97190362 50	54222357 50	10266671 51	95307751 50
56	47753466 50	96977131 50	48360568 50	10448186 51	96452667 50
48	41563110 50	10187199 51	42361141 50	10736640 51	98639488 50
40	35127344 50	10564455 51	36153566 50	11164696 51	10215695 51
36	31807991 50	10762825 51	32945888 50	11437252 51	10446824 51
32	28423198 50	10950665 51	29654772 50	11747599 51	10713570 51
28	24979450 50	11116684 51	26270736 50	12090105 51	11010786 51
24	21485949 50	11253790 51	22786626 50	12454164 51	11328859 51
20	17953081 50	11359908 51	19199042 50	12823684 51	11653268 51
16	14390908 50	11437121 51	15509772 50	13177453 51	11964910 51
14	12601635 50	11466237 51	13629284 50	13340756 51	12109041 51
12	10808193 50	11489872 51	11726974 50	13490689 51	12241501 51
10	90114094 49	11508658 51	98049501 49	13624064 51	12359425 51
8	72120113 49	11523171 51	78657426 49	13737884 51	12460123 51
6	54106364 49	11533912 51	59122685 49	13829471 51	12541191 51
4	36078466 49	11541286 51	39477776 49	13896592 51	12600623 51
2	18041459 49	11545591 51	19757874 49	13937564 51	12636910 51
128×10^{-11}	11547005 40	11547005 51	12649110 40	13951339 51	12649111 51

Φ: 30	y_R = 25000000 50	A_o = 41827352 50	y = 22069555 50	A_{xR} = 52587641 50	Table 29
t_R x 128	n_o	G_o	n_x	G_R	G_R / G_{RL}
128	10000000 51	10000000 51	10000000 51	10000000 51	10000000 51
126	98584625 50	99746089 50	98600503 50	10007977 51	99642300 50
125	97877139 50	99620299 50	97900974 50	10011888 51	99466420 50
124	97169752 50	99495365 50	97201590 50	10015753 51	99292533 50
122	95755360 50	99248133 50	95803211 50	10023367 51	98950900 50
120	94341366 50	99004827 50	94405344 50	10030851 51	98617554 50
116	91514376 50	98531769 50	91610917 50	10045612 51	97976807 50
112	88688189 50	98080466 50	88817825 50	10060441 51	97372896 50
108	85862076 50	97656336 50	86025470 50	10075835 51	96809277 50
104	83035046 50	97266240 50	83233103 50	10092403 51	96290429 50
100	80205883 50	96918769 50	80439778 50	10110890 51	95822071 50
96	77373045 50	96624532 50	77644322 50	10132207 51	95411427 50
88	71688169 50	96250800 50	72040900 50	10187925 51	94800435 50
80	65959075 50	96283633 50	66407065 50	10271104 51	94552476 50
72	60154650 50	95906517 50	60719870 50	10397641 51	94800188 50
64	54232615 50	98320540 50	54947035 50	10588180 51	95716835 50
56	48141883 50	10065523 51	49044916 50	10867103 51	97506961 50
48	41833001 50	10380859 51	42957874 50	11258510 51	10037135 51
40	35277350 50	10732635 51	36620966 50	11777153 51	10442869 51
36	31908446 50	10901101 51	33338013 50	12082615 51	10688822 51
32	28484878 50	11054051 51	29968922 50	12413313 51	10958584 51
28	25013645 50	11186256 51	26508356 50	12761222 51	11245130 51
24	21502703 50	11295324 51	22953608 50	13114856 51	11538473 51
20	17960089 50	11381390 51	19305449 50	13459444 51	11825816 51
16	14393265 50	11446336 51	15568679 50	13777660 51	12092187 51
14	12602856 50	11471725 51	13670280 50	13921090 51	12212512 51
12	10808762 50	11492872 51	11753589 50	14050991 51	12321612 51
10	90116391 49	11510118 51	98207590 49	14165173 51	12417601 51
8	72120869 49	11523774 51	78740128 49	14261634 51	12498751 51
6	54106542 49	11534104 51	59158162 49	14338616 51	12563553 51
4	36078488 49	11541325 51	39488417 49	14394683 51	12610770 51
2	18041461 49	11545594 51	19759213 49	14428764 51	12639479 51
128 x 10^{-11}	11547005 40	11547005 51	12649110 40	14440197 51	12649111 51

Φ: 30	y_R = 37500000 50	A_o = 39810307 50	y = 31122235 50	A_{xR} = 55667766 50	Table 30
t_R x 128	n_o	G_o	n_x	G_R	G_R / G_{RL}
128	10000000 51	10000000 51	10000000 51	10000000 51	10000000 51
126	98631698 50	99685351 50	98661111 50	10017794 51	99461075 50
125	97947432 50	99530969 50	97991563 50	10026765 51	99229108 50
124	97263072 50	99378669 50	97321923 50	10035797 51	98982158 50
122	95893992 50	99080669 50	95982333 50	10054083 51	98503396 50
120	94524309 50	98792136 50	94642215 50	10072734 51	98045024 50
116	91782562 50	98246972 50	91959869 50	10111478 51	97190705 50
112	89036430 50	97751030 50	89273790 50	10152805 51	96422397 50
108	86284280 50	97313599 50	86582559 50	10197615 51	95744576 50
104	83524123 50	96945649 50	83884613 50	10246945 51	95162953 50
100	80753625 50	96659844 50	81178095 50	10301981 51	94684645 50
96	77970068 50	96470549 50	78460865 50	10364068 51	94318126 50
88	72350651 50	96446431 50	72983982 50	10515635 51	93961789 50
80	66635063 50	97009926 50	67429583 50	10715748 51	94190111 50
72	60786079 50	98281039 50	61766494 50	10980689 51	95117018 50
64	54763830 50	10030108 51	55956309 50	11327394 51	96861463 50
56	48533783 50	10295687 51	49954046 50	11770209 51	99521460 50
48	42077426 50	10594949 51	43710844 50	12315407 51	10313088 51
40	35400406 50	10887208 51	37179657 50	12953475 51	10759944 51
36	31987564 50	11019033 51	33794092 50	13297956 51	11007761 51
32	28531868 50	11137057 51	30324598 50	13650791 51	11264855 51
28	25039050 50	11239624 51	26770483 50	14003146 51	11524152 51
24	21514931 50	11326189 51	23133356 50	14344486 51	11777265 51
20	17965147 50	11397036 51	19417467 50	14662992 51	12014828 51
16	14394958 50	11452971 51	15629902 50	14946226 51	12227016 51
14	12603731 50	11475665 51	13712249 50	15070767 51	12320559 51
12	10809169 50	11495021 51	11780633 50	15181985 51	12404211 51
10	90118031 49	11511163 51	98367182 49	15278564 51	12476933 51
8	72121413 49	11524204 51	78823165 49	15359314 51	12537794 51
6	54106673 49	11534240 51	59193639 49	15423223 51	12585996 51
4	36078506 49	11541351 51	39499022 49	15469475 51	12620899 51
2	18041461 49	11545595 51	19760546 49	15497473 51	12642035 51
128 x 10^{-11}	11547005 40	11547005 51	12649109 40	15506846 51	12649112 51

Φ: 30	y_R = 50000000 50	A_o = 38533242 50	y = 39038820 50	A_{xR} = 59824438 50	Table 31
t_R x 128	n_o	G_o	n_x	G_R	G_R / G_{RL}
128	10000000 51	10000000 51	10000000 51	10000000 51	10000000 51
126	98667578 50	99647843 50	98711182 50	10031058 51	99324496 50
125	98000840 50	99476587 50	98066228 50	10046872 51	99000230 50
124	97333723 50	99308693 50	97420880 50	10062896 51	98684926 50
122	95998245 50	98983525 50	96128912 50	10095624 51	98081034 50
120	94660931 50	98673400 50	94835103 50	10129355 51	97512644 50
116	91979826 50	98102941 50	92241145 50	10200321 51	96482282 50
112	89268343 50	97607561 50	89637261 50	10276850 51	95594559 50
108	86584115 50	97197924 50	87021487 50	10360113 51	94851688 50
104	83864454 50	96887009 50	84391604 50	10451398 51	94257280 50
100	81126320 50	96687862 50	81745123 50	10552111 51	93816298 50
96	78566325 50	96614247 50	79079275 50	10663765 51	93534832 50
88	72765694 50	96896817 50	73676790 50	10926408 51	93479793 50
80	67030144 50	97823265 50	68155626 50	11252865 51	94156913 50
72	61126239 50	99422788 50	62482202 50	11656403 51	95631868 50
64	55025050 50	10162154 51	56618675 50	12147641 51	97953345 50
56	46709049 50	10422386 51	50524937 50	12730919 51	10112676 51
48	42177491 50	10694721 51	44162330 50	13399515 51	10508049 51
40	35447322 50	10950414 51	37499352 50	14130457 51	10962977 51
36	32016926 50	11064950 51	34049163 50	14506663 51	11203214 51
32	28548950 50	11168174 51	30519163 50	14880648 51	11445050 51
28	25048146 50	11259089 51	26910896 50	15243879 51	11682276 51
24	21519264 50	11337239 51	23227792 50	15586934 51	11908083 51
20	17966928 50	11402573 51	19475302 50	15899878 51	12115329 51
16	14395550 50	11455304 51	15660941 50	16172788 51	12296911 51
14	12604037 50	11477048 51	13733459 50	16291274 51	12375967 51
12	10809311 50	11495774 51	11794222 50	16396332 51	12446168 51
10	90118609 49	11511529 51	98446991 49	16486995 51	12506825 51
8	72121600 49	11524355 51	78864527 49	16562408 51	12557330 51
6	54106720 49	11534287 51	59211257 49	16621841 51	12597166 51
4	36078509 49	11541362 51	39504278 49	16664721 51	12625923 51
2	18041461 49	11545596 51	19761207 49	16690621 51	12643299 51
128 x 10^{-11}	11547005 40	11547005 51	12649110 40	16699283 51	12649112 51

Φ: 30	y_R = 75000000 50	A_o = 37246795 50	y = 51975035 50	A_{xR} = 71145386 50	Table 32
t_R x 128	n_o	G_o	n_x	G_R	G_R / G_{RL}
128	10000000 51	10000000 51	10000000 51	10000000 51	10000000 51
126	98716767 50	99611931 50	98787291 50	10067114 51	99009941 50
125	98073760 50	99425974 50	98179416 50	10101472 51	98544409 50
124	97429784 50	99245600 50	97570492 50	10136390 51	98098030 50
122	96138755 50	98902217 50	96349339 50	10207983 51	97261357 50
120	94843341 50	98583055 50	95123542 50	10282047 51	96497301 50
116	92238080 50	98022489 50	92656893 50	10438225 51	95178056 50
112	89611165 50	97574384 50	90168068 50	10606243 51	94124924 50
108	86959575 50	97249125 50	87654424 50	10787463 51	93325994 50
104	84280073 50	97056637 50	85113087 50	10983279 51	92772173 50
100	81569320 50	97005758 50	82540994 50	11195088 51	92456547 50
96	78823875 50	97103603 50	79934874 50	11424262 51	92373828 50
88	73215333 50	97760703 50	74606578 50	11939818 51	92890920 50
80	67429056 50	99022352 50	69098719 50	12538693 51	94293739 50
72	61445132 50	10081524 51	63380243 50	13225764 51	96544780 50
64	55252660 50	10299802 51	57420251 50	13999478 51	99580601 50
56	48851989 50	10538284 51	51190648 50	14848907 51	10329312 51
48	42254828 50	10777151 51	44669630 50	15750914 51	10751261 51
40	35482225 50	10999049 51	37845921 50	16668260 51	11199673 51
36	32038478 50	11099423 51	34321017 50	17117175 51	11424235 51
32	28561365 50	11191114 51	30723223 50	17549793 51	11643161 51
28	25054711 50	11273254 51	27055979 50	17958095 51	11851717 51
24	21522379 50	11345212 51	23324053 50	18333829 51	12045078 51
20	17968205 50	11406546 51	19533554 50	18668800 51	12218488 51
16	14395975 50	11456973 51	15691888 50	18955231 51	12367457 51
14	12604256 50	11478036 51	13754515 50	19078009 51	12431490 51
12	10809413 50	11496312 51	11807661 50	19186104 51	12487951 51
10	90119023 49	11511791 51	98525659 49	19278813 51	12536436 51
8	72121731 49	11524463 51	78905180 49	19355529 51	12576598 51
6	54106748 49	11534323 51	59228531 49	19415739 51	12608145 51
4	36078516 49	11541368 51	39509424 49	19459042 51	12630847 51
2	18041461 49	11545596 51	19761852 49	19485144 51	12644537 51
128 x 10^{-11}	11547005 40	11547005 51	12649109 40	19493865 51	12649112 51

Φ: 30	y_R = 10000000 51	A_o = 36800000 50	y = 61803400 50	A_{xR} = 86269729 50	*Table 33*
$t_R \times 128$	n_o	G_o	n_x	G_R	G_R / G_{RL}
128	10000000 51	10000000 51	10000000 51	10000000 51	10000000 51
126	98747204 50	99601115 50	98840595 50	10115140 51	98676177 50
125	98118652 50	99412094 50	98258475 50	10174086 51	98065531 50
124	97488616 50	99230206 50	97674698 50	10233982 51	97487525 50
122	96223878 50	98888409 50	96502014 50	10356690 51	96424927 50
120	94952644 50	98576827 50	95322213 50	10483434 51	95480419 50
116	92389251 50	98048638 50	92939943 50	10749687 51	93918163 50
112	89795484 50	97653742 50	90525165 50	11034055 51	92753284 50
108	87168344 50	97399205 50	88074995 50	11337816 51	91948138 50
104	84504818 50	97290529 50	85586419 50	11662164 51	91472457 50
100	81801961 50	97331236 50	83056306 50	12008258 51	91301430 50
96	79056938 50	97522390 50	80481418 50	12377001 51	91414363 50
88	73430253 50	98345755 50	75184038 50	13185278 51	92422542 50
80	67607756 50	99708623 50	69667481 50	14089674 51	94371896 50
72	61579333 50	10151010 51	63905626 50	15086718 51	97143201 50
64	55343205 50	10361139 51	57874918 50	16164532 51	10060310 51
56	48906270 50	10585504 51	51556754 50	17300725 51	10458880 51
48	42283193 50	10808602 51	44940337 50	18460843 51	10889753 51
40	35494728 50	11016821 51	38025676 50	19598203 51	11328366 51
36	32046143 50	11111837 51	34460164 50	20140802 51	11541858 51
32	28565753 50	11199285 51	30826384 50	20655682 51	11746505 51
28	25057023 50	11278266 51	27128495 50	21134776 51	11938500 51
24	21523472 50	11348018 51	23371677 50	21570059 51	12114097 51
20	17968652 50	11407941 51	19562118 50	21953784 51	12269718 51
16	14396124 50	11457557 51	15706950 50	22278783 51	12402070 51
14	12604332 50	11478382 51	13764729 50	22417236 51	12458596 51
12	10809449 50	11496501 51	11814163 50	22538709 51	12508257 51
10	90119164 49	11511882 51	98563630 49	22642587 51	12550772 51
8	72121781 49	11524500 51	78924772 49	22728328 51	12585897 51
6	54106763 49	11534334 51	59236845 49	22795489 51	12613431 51
4	36078519 49	11541370 51	39511898 49	22843719 51	12633215 51
2	18041461 49	11545597 51	19762163 49	22872760 51	12645131 51
128×10^{-11}	11547005 40	11547005 51	12649111 40	22882456 51	12649111 51

Φ: 30	y_R = 15000000 51	A_o = 36725494 50	y = 75000000 50	A_{xR} = 12761432 51	*Table 34*
$t_R \times 128$	n_o	G_o	n_x	G_R	G_R / G_{RL}
128	10000000 51	10000000 51	10000000 51	10000000 51	10000000 51
126	98779944 50	99602313 50	98906397 50	10246040 51	97906869 50
125	98166660 50	99416470 50	98355845 50	10371711 51	96978229 50
124	97551168 50	99239399 50	97802732 50	10499176 51	96121205 50
122	96313377 50	98911916 50	96688672 50	10759563 51	94603778 50
120	95066250 50	98620478 50	95563882 50	11027347 51	93322336 50
116	92542698 50	98147716 50	93280804 50	11585644 51	91364648 50
112	89978096 50	97824133 50	90950752 50	12175048 51	90081280 50
108	87370135 50	97651053 50	88570965 50	12796335 51	89351845 50
104	84716678 50	97627929 50	86138639 50	13450042 51	89086949 50
100	82015820 50	97752168 50	83650962 50	14136405 51	89218362 50
96	79265903 50	98019110 50	81105167 50	14855309 51	89692432 50
88	73613815 50	98951918 50	75828367 50	16388193 51	91502230 50
80	67753700 50	10034890 51	70287717 50	18038535 51	94242142 50
72	61684734 50	10210673 51	64465514 50	19786759 51	97693541 50
64	55412090 50	10410526 51	58348518 50	21602180 51	10165732 51
56	48946577 50	10621766 51	51929751 50	23441961 51	10593366 51
48	42303896 50	10831984 51	45210397 50	25251094 51	11031195 51
40	35503759 50	11029764 51	38201570 50	26963973 51	11456891 51
36	32051655 50	11120819 51	34595126 50	27761719 51	11657987 51
32	28568900 50	11205175 51	30925629 50	28507821 51	11847406 51
28	25058677 50	11281862 51	27197738 50	29192950 51	12022353 51
24	21524254 50	11350028 51	23416851 50	29808089 51	12180160 51
20	17968970 50	11408939 51	19589057 50	30344761 51	12318349 51
16	14396229 50	11457976 51	15721086 50	30795307 51	12434698 51
14	12604387 50	11478630 51	13774297 50	30986159 51	12484071 51
12	10809474 50	11496635 51	11820242 50	31153075 51	12527292 51
10	90119266 49	11511947 51	98599074 49	31295425 51	12564182 51
8	72121813 49	11524528 51	78943029 49	31412652 51	12594579 51
6	54106772 49	11534342 51	59244586 49	31504311 51	12618360 51
4	36078519 49	11541372 51	39514199 49	31570037 51	12635419 51
2	18041461 49	11545597 51	19762450 49	31609581 51	12645685 51
128×10^{-11}	11547005 40	11547005 51	12649110 40	31622778 51	12649111 51

Φ: 20	y_R = 20000000 51	A_o = 36881532 50	y = 82842710 50	A_{xR} = 18381979 51	Table 35
t_R x 128	n_o	G_o	n_x	G_R	G_R / G_{RL}
128	10000000 51	10000000 51	10000000 51	10000000 51	10000000 51
126	98795517 50	99608753 50	98942577 50	10423662 51	96977387 50
125	98189395 50	99427207 50	98409267 50	10639623 51	95693823 50
124	97586628 50	99255126 50	97872839 50	10858359 51	94541312 50
122	96355076 50	98939441 50	96790468 50	11304215 51	92579506 50
120	95116600 50	98661904 50	95695147 50	11761336 51	91007619 50
116	92611899 50	98221767 50	93464391 50	12709697 51	88789199 50
112	90058693 50	97934616 50	91178055 50	13703905 51	87518400 50
108	87457320 50	97798822 50	88833603 50	14744058 51	86959895 50
104	84806321 50	97811137 50	86428549 50	15829836 51	86955358 50
100	82104500 50	97966635 50	83960455 50	16960427 51	87393595 50
96	79350670 50	98258838 50	81426955 50	18134485 51	88193375 50
88	73685817 50	99219635 50	76154949 50	20604426 51	90643787 50
80	67809194 50	10061281 51	70596564 50	23215395 51	93945280 50
72	61723800 50	10233987 51	64739462 50	25930427 51	97838060 50
64	55437110 50	10429070 51	58576305 50	28698524 51	10210599 51
56	48960997 50	10635002 51	52106221 50	31454298 51	10654823 51
48	42311231 50	10840357 51	45336217 50	34118971 51	11096630 51
40	35506938 50	11034345 51	38282377 50	36603240 51	11516063 51
36	32053590 50	11123967 51	34656740 50	37748054 51	11711195 51
32	28570005 50	11207245 51	30970671 50	38812007 51	11893392 51
28	25059258 50	11283123 51	27229001 50	39783383 51	12060360 51
24	21524528 50	11350735 50	23437149 50	40651050 51	12209946 51
20	17969083 50	11409289 51	19601111 50	41404637 51	12340170 51
16	14396268 50	11458122 51	15727389 50	42034881 51	12449278 51
14	12604406 50	11478717 51	13778357 50	42301200 51	12495434 51
12	10809484 50	11496682 51	11822945 50	42533800 51	12535769 51
10	90119297 49	11511971 51	98614819 49	42731924 51	12570141 51
8	72121823 49	11524537 51	78951130 49	42894943 51	12598436 51
6	54106772 49	11534346 51	59248014 49	43022293 51	12620547 51
4	36078519 49	11541373 51	39515217 49	43113563 51	12636396 51
2	18041461 49	11545597 51	19762576 49	43168448 51	12645928 51
128 x 10^{-11}	11547005 40	11547005 51	12649109 40	43186763 51	12649110 51

Φ: 30	y_R = 30000000 51	A_o = 37137703 50	y = 90832695 50	A_{xR} = 34172678 51	Table 36
t_R x 128	n_o	G_o	n_x	G_R	G_R / G_{RL}
128	10000000 51	10000000 51	10000000 51	10000000 51	10000000 51
126	98808816 50	99617861 50	98977556 50	10922200 51	94678584 50
125	98208711 50	99441649 50	98460551 50	11391227 51	92648880 50
124	97605563 50	99275345 50	97940039 50	11865544 51	90937855 50
122	96390105 50	98972339 50	96887770 50	12830070 51	88266107 50
120	95162241 50	98708722 50	95820264 50	13815774 51	86352986 50
116	92668730 50	98298677 50	93638428 50	15850479 51	84071232 50
112	90123950 50	98042482 50	91392317 50	17963802 51	83145324 50
108	87526946 50	97936254 50	89079795 50	20169109 51	83095355 50
104	84877000 50	97974814 50	86698783 50	22448937 51	83651025 50
100	82173563 50	98151875 50	84247308 50	24804851 51	84647167 50
96	79416323 50	98459956 50	81723540 50	27232422 51	85975952 50
88	73740191 50	99433872 50	76452587 50	32279020 51	89352521 50
80	67850419 50	10081661 51	70874928 50	37529290 51	93380991 50
72	61752448 50	10251520 51	64983710 50	42902589 51	97802956 50
64	55455285 50	10442750 51	58777285 50	48296158 51	10241736 51
56	48971405 50	10644636 51	52260397 50	53585917 51	10704540 51
48	42316500 50	10846399 51	45445138 50	58629508 51	11151629 51
40	35509216 50	11037633 51	38351763 50	63271764 51	11566292 51
36	32054977 50	11126256 51	34709449 50	65392393 51	11756399 51
32	28570795 50	11208726 51	31009078 50	67352987 51	11932439 51
28	25059672 50	11284026 51	27255575 50	69134544 51	12092593 51
24	21524724 50	11351236 51	23454361 50	70719171 51	12235164 51
20	17969163 50	11409538 51	19611310 50	72090422 51	12358616 51
16	14396295 50	11458228 51	15732714 50	73233662 51	12461583 51
14	12604420 50	11478779 51	13782154 50	73715770 51	12505014 51
12	10809489 50	11496716 51	11825226 50	74136399 51	12542913 51
10	90119328 49	11511987 51	98628095 49	74494344 51	12575166 51
8	72121838 49	11524543 51	78957962 49	74788610 51	12601683 51
6	54106772 49	11534348 51	59250910 49	75018344 51	12622387 51
4	36078519 49	11541373 51	39516078 49	75182924 51	12637219 51
2	18041461 49	11545597 51	19762686 49	75281857 51	12646135 51
128 x 10^{-11}	11547005 40	11547005 51	12649110 40	75314868 51	12649111 51

Φ: 40	y_R = 62500000 49	A_o = 46364443 50	y = 60577385 49	A_{xR} = 51026519 50	Table 37
t_R x 128	n_o	G_o	n_x	G_R	G_R / G_{RL}
128	10000000 51	10000000 51	10000000 51	10000000 51	10000000 51
126	98496602 50	99885759 50	98471152 50	10003103 51	99931129 50
125	97745215 50	99828137 50	97706880 50	10004576 51	99896555 50
124	96994030 50	99770172 50	96942722 50	10005995 51	99861864 50
122	95492307 50	99653124 50	95414733 50	10008671 51	99792144 50
120	93991463 50	99534489 50	93887193 50	10011124 51	99721896 50
116	90992557 50	99291992 50	90833554 50	10015346 51	99579682 50
112	87997639 50	99041561 50	87781927 50	10018620 51	99434801 50
108	85007062 50	98781955 50	84732471 50	10020903 51	99286814 50
104	82021184 50	98511865 50	81685331 50	10022154 51	99135295 50
100	79040438 50	98229812 50	78640689 50	10022329 51	98979807 50
96	76065293 50	97934232 50	75598710 50	10021391 51	98819975 50
88	70133786 50	97296005 50	69523473 50	10016090 51	98486385 50
80	64231144 50	96584659 50	63461002 50	10006289 51	98134796 50
72	58362266 50	95793163 50	57412358 50	99927400 50	97772466 50
64	52531630 50	94934690 50	51377552 50	99778425 50	97422610 50
56	46740642 50	94082334 50	45353970 50	99676529 50	97143938 50
48	40981671 50	93475627 50	39333032 50	99760592 50	97070969 50
40	35216972 50	93800926 50	33293304 50	10032804 51	97491695 50
36	32306991 50	94800160 50	30253143 50	10095957 51	98048376 50
32	29342815 50	96835707 50	27187545 50	10195727 51	98965859 50
28	26285978 50	10040985 51	24083384 50	10344736 51	10036622 51
24	23081029 50	10594224 51	20923768 50	10555496 51	10237039 51
20	19668000 50	11322251 51	17688740 50	10835668 51	10505229 51
16	16013208 50	12078065 51	14357908 50	11179953 51	10836039 51
14	14101145 50	12396372 51	12651338 50	11368457 51	11017483 51
12	12144090 50	12646933 51	10915823 50	11560209 51	11202204 51
10	10153346 50	12825162 51	91515074 49	11747187 51	11382437 51
8	81398313 49	12939131 51	73598525 49	11919965 51	11549057 51
6	61125075 49	13004130 51	55437964 49	12068450 51	11692297 51
4	40777497 49	13036696 51	37077740 49	12182928 51	11802758 51
2	20395158 49	13050462 51	18575711 49	12255254 51	11872555 51
128 x 10^{-11}	13054073 40	13054073 51	11896436 40	12280000 51	11896437 51

Φ: 40	y_R = 93750000 49	A_o = 44800696 50	y = 89458405 49	A_{xR} = 51639343 50	Table 38
t_R x 128	n_o	G_o	n_x	G_R	G_R / G_{RL}
128	10000000 51	10000000 51	10000000 51	10000000 51	10000000 51
126	98523318 50	99836802 50	98466888 50	10004986 51	99897706 50
125	97785381 50	99754644 50	97730536 50	10007374 51	99846519 50
124	97047718 50	99672105 50	96974312 50	10009694 51	99795329 50
122	95573237 50	99505772 50	95462287 50	10014123 51	99692871 50
120	94099922 50	99337682 50	93950833 50	10018267 51	99590247 50
116	91156933 50	98995764 50	90929665 50	10025698 51	99384493 50
112	88219119 50	98645313 50	87910938 50	10031970 51	99177826 50
108	85286832 50	98285330 50	84894777 50	10037073 51	98970115 50
104	82360484 50	97914770 50	81881297 50	10041013 51	98761368 50
100	79440484 50	97532734 50	78870603 50	10043812 51	98551741 50
96	76527265 50	97138471 50	75862783 50	10045517 51	98341651 50
88	70722884 50	96312110 50	69855981 50	10046039 51	97923668 50
80	64950475 50	95441171 50	63860782 50	10044005 51	97520785 50
72	59211759 50	94555426 50	57875619 50	10042512 51	97162341 50
64	53504520 50	93742071 50	51896045 50	10047807 51	96907718 50
56	47816759 50	93220431 50	45912205 50	10071858 51	96870767 50
48	42113809 50	93505153 50	39904343 50	10136488 51	97259022 50
40	36311075 50	95714341 50	33835647 50	10278489 51	98422179 50
36	33320807 50	98135363 50	30760016 50	10394690 51	99448068 50
32	30227385 50	10181426 51	27643005 50	10550879 51	10086367 51
28	26988979 50	10688319 51	24471714 50	10753277 51	10272787 51
24	23566258 50	11304259 51	21232014 50	11004348 51	10506380 51
20	19939770 50	11936335 51	17910157 50	11299258 51	10782513 51
16	16126111 50	12460341 51	14495498 50	11622017 51	11085943 51
14	14163896 50	12654677 51	12751784 50	11785147 51	11239620 51
12	12174827 50	12801174 51	10984159 50	11943161 51	11388626 51
10	10166170 50	12904647 51	91938171 49	12090567 51	11527738 51
8	81441300 49	12973008 51	73827826 49	12221608 51	11651480 51
6	61135402 49	13015078 51	55539178 49	12330649 51	11754493 51
4	40778863 49	13038861 51	37108731 49	12412638 51	11831974 51
2	20395202 49	13050600 51	18579662 49	12463561 51	11880109 51
128 x 10^{-11}	13054073 40	13054073 51	11896436 40	12480835 51	11896438 51

Φ: 40	y_R = 12500000 50	A_o = 43381457 50	y = 11743140 50	A_{xR} = 52317684 50	Table 39
t_R x 128	n_o	G_o	n_x	G_R	G_R / G_{RL}
128	10000000 51	10000000 51	10000000 51	10000000 51	10000000 51
126	98548341 50	99792494 50	98501948 50	10007083 51	99864829 50
125	97822988 50	99688212 50	97753152 50	10010505 51	99797474 50
124	97097958 50	99583568 50	97004493 50	10013847 51	99730274 50
122	95648886 50	99373122 50	95507634 50	10020293 51	99596309 50
120	94201172 50	99161067 50	94011390 50	10026421 51	99462917 50
116	91309971 50	98731766 50	91020769 50	10037734 51	99197946 50
112	88424665 50	98295047 50	88032701 50	10047814 51	98935488 50
108	85545610 50	97850384 50	85047231 50	10056710 51	98675897 50
104	82673118 50	97397562 50	82064392 50	10064498 51	98419787 50
100	79807531 50	96936673 50	79084165 50	10071291 51	98168137 50
96	76949108 50	96468448 50	76106500 50	10077252 51	97922381 50
88	71254631 50	95517357 50	70158272 50	10087675 51	97457625 50
80	65590056 50	94575559 50	64217463 50	10098805 51	97053445 50
72	59951987 50	93719781 50	58279261 50	10116126 51	96760746 50
64	54328940 50	93120996 50	52334418 50	10149200 51	96668604 50
56	48692599 50	93140476 50	46366314 50	10214019 51	96926117 50
48	42981180 50	94497449 50	40346580 50	10335709 51	97767460 50
40	37071700 50	96442141 50	34229656 50	10549544 51	99521061 50
36	33960453 50	10185851 51	31114696 50	10703500 51	10085599 51
32	30755535 50	10635359 51	27948770 50	10894273 51	10254686 51
28	27366841 50	11170714 51	24720952 50	11123090 51	10460474 51
24	23797656 50	11732339 51	21420656 50	11386724 51	10699905 51
20	20054759 50	12236998 51	18039227 50	11675480 51	10963880 51
16	16169443 50	12618049 51	14572006 50	11971777 51	11235949 51
14	14187152 50	12754830 51	12806416 50	12115104 51	11367868 51
12	12185936 50	12858363 51	11020573 50	12250348 51	11492493 51
10	10170731 50	12933271 51	92159515 49	12373607 51	11606181 51
8	81456438 49	12985008 51	73945893 49	12480998 51	11705307 51
6	61139025 49	13018925 51	55590626 49	12568888 51	11786478 51
4	40779344 49	13039646 51	37124340 49	12634137 51	11846763 51
2	20395216 49	13050648 51	18581641 49	12674317 51	11883895 51
128 x 10^{-11}	13054073 40	13054073 51	11896436 40	12687886 51	11896437 51

Φ: 40	y_R = 18750000 50	A_o = 40916245 50	y = 17074405 50	A_{xR} = 53868667 50	Table 40
t_R x 128	n_o	G_o	n_x	G_R	G_R / G_{RL}
128	10000000 51	10000000 51	10000000 51	10000000 51	10000000 51
126	98593888 50	99715811 50	98530154 50	10011915 51	99800577 50
125	97891377 50	99573487 50	97795442 50	10017743 51	99701932 50
124	97189253 50	99430976 50	97060860 50	10023487 51	99603998 50
122	95786108 50	99145516 50	95592124 50	10034727 51	99410288 50
120	94384491 50	98859429 50	94123930 50	10045651 51	99219579 50
116	91585915 50	98265648 50	91189133 50	10066607 51	98847445 50
112	88793696 50	97710333 50	88256352 50	10086508 51	98488657 50
108	86007935 50	97134772 50	85325407 50	10105552 51	98144696 50
104	83228657 50	96561028 50	82396063 50	10123997 51	97817625 50
100	80455797 50	95992258 50	79467971 50	10142171 51	97510149 50
96	77689118 50	95433077 50	76540704 50	10160491 51	97225792 50
88	72172258 50	94372869 50	70686093 50	10199824 51	96745896 50
80	66670450 50	93472595 50	64825208 50	10248029 51	96430682 50
72	61167251 50	92907409 50	58946768 50	10314326 51	96361699 50
64	55630405 50	92997400 50	53033256 50	10412249 51	96659183 50
56	50000414 50	94293017 50	47058412 50	10560489 51	97489395 50
48	44175049 50	97620402 50	40984744 50	10782234 51	99058369 50
40	37999819 50	10381368 51	34762417 50	11100605 51	10157051 51
36	34724562 50	10799744 51	31577204 50	11300499 51	10321913 51
32	31300018 50	11263013 51	28332543 50	11526758 51	10512168 51
28	27720497 50	11729528 51	25021648 50	11775473 51	10724242 51
24	23994864 50	12151748 51	21639369 50	12039174 51	10951366 51
20	20145373 50	12493149 51	18183205 50	12306436 51	11183229 51
16	16201788 50	12739999 51	14654355 50	12562107 51	11406186 51
14	14204210 50	12829875 51	12864278 50	12680091 51	11509374 51
12	12193988 50	12900303 51	11058577 50	12788407 51	11604248 51
10	10174012 50	12953983 51	92387566 49	12884756 51	11688743 51
8	81467288 49	12993623 51	74066217 49	12966977 51	11760918 51
6	61141613 49	13021677 51	55642603 49	13033138 51	11819040 51
4	40779684 49	13040193 51	37140003 49	13081627 51	11861660 51
2	20395227 49	13050682 51	18583619 49	13111225 51	11887685 51
128 x 10^{-11}	13054073 40	13054073 51	11896436 40	13121176 51	11896436 51

Φ: 40	y_R = 25000000 50	A_o = 38866624 50	y = 22069555 50	A_{xR} = 55675369 50	*Table 41*
$t_R \times 128$	n_o	G_o	n_x	G_R	G_R / G_{RL}
128	10000000 51	10000000 51	10000000 51	10000000 51	10000000 51
126	98634198 50	99652395 50	98555976 50	10017578 51	99737891 50
125	97951846 50	99478847 50	97834108 50	10026252 51	99609124 50
124	97269863 50	99305501 50	97112322 50	10034856 51	99481913 50
122	95907002 50	98959480 50	95669013 50	10051859 51	99232174 50
120	94545619 50	98614518 50	94226014 50	10068616 51	98988838 50
116	91827222 50	97928796 50	91340796 50	10101521 51	98522098 50
112	89114568 50	97250848 50	88456302 50	10133866 51	98083561 50
108	86407400 50	96584238 50	85572086 50	10166015 51	97675732 50
104	83705302 50	95933894 50	82687578 50	10198412 51	97301848 50
100	81007633 50	95306567 50	79802087 50	10231596 51	96966015 50
96	78313500 50	94711314 50	76914739 50	10266219 51	96673371 50
88	72930158 50	93669565 50	71130030 50	10343069 51	96244077 50
80	67538313 50	92960301 50	65322010 50	10437155 51	96081088 50
72	62107864 50	92840101 50	59474207 50	10559682 51	96277592 50
64	56567755 50	93719613 50	53563581 50	10725121 51	96954777 50
56	50896199 50	96185085 50	47559151 50	10950503 51	98255282 50
48	44914331 50	10086468 51	41421539 50	11252621 51	10031885 51
40	38500406 50	10790473 51	35104862 50	11641674 51	10322739 51
36	35094398 50	11201031 51	31864680 50	11867628 51	10498635 51
32	31548468 50	11615051 51	28563018 50	12110594 51	10691341 51
28	27869128 50	12000540 51	25196111 50	12364859 51	10895857 51
24	24072079 50	12331178 51	21762064 50	12622260 51	11105086 51
20	20179019 50	12592851 51	18261449 50	12872297 51	11309934 51
16	16213401 50	12784692 51	14697846 50	13102653 51	11499756 51
14	14210272 50	12856872 51	12894452 50	13206336 51	11585482 51
12	12196829 50	12915203 51	11078173 50	13300166 51	11663198 51
10	10175165 50	12961286 51	92503980 49	13382594 51	11731569 51
8	81471094 49	12996647 51	74127131 49	13452190 51	11789363 51
6	61142522 49	13022642 51	55668743 49	13507712 51	11835512 51
4	40779806 49	13040382 51	37147841 49	13548139 51	11869137 51
2	20395230 49	13050694 51	18584606 49	13572704 51	11889577 51
128×10^{-11}	13054073 40	13054073 51	11896435 40	13580948 51	11896438 51

Φ: 40	y_R = 37500000 50	A_o = 35717045 50	y = 31122235 50	A_{xR} = 60042999 50	*Table 42*
$t_R \times 128$	n_o	G_o	n_x	G_R	G_R / G_{RL}
128	10000000 51	10000000 51	10000000 51	10000000 51	10000000 51
126	98702021 50	99555734 50	98601312 50	10031334 51	99615533 50
125	98053438 50	99335224 50	97901854 50	10046971 51	99429075 50
124	97405110 50	99115898 50	97202309 50	10062598 51	99246493 50
122	96109189 50	98681045 50	95802904 50	10093850 51	98893007 50
120	94814184 50	98251755 50	94403012 50	10125145 51	98555177 50
116	92226588 50	97412665 50	91601371 50	10188133 51	97927507 50
112	89641431 50	96605242 50	88796521 50	10252124 51	97365642 50
108	87057585 50	95837976 50	85987438 50	10317774 51	96872739 50
104	84473553 50	95121685 50	83172962 50	10385830 51	96452772 50
100	81887445 50	94470058 50	80351725 50	10457142 51	96110717 50
96	79296833 50	93900318 50	77522152 50	10532669 51	95852478 50
88	74089146 50	93097315 50	71830520 50	10700778 51	95616123 50
80	68815881 50	92948730 50	66080415 50	10900062 51	95810208 50
72	63424924 50	93787696 50	60249459 50	11141813 51	96512707 50
64	57841990 50	96024670 50	54310292 50	11437596 51	97803809 50
56	51970774 50	10002445 51	48231107 50	11796912 51	99747244 50
48	45706556 50	10581130 51	41977632 50	12223341 51	10235991 51
40	38970663 50	11271505 51	35517207 50	12709188 51	10557025 51
36	35419489 50	11618388 51	32201202 50	12967475 51	10734196 51
32	31753870 50	11942566 51	28825390 50	13229811 51	10917456 51
28	27985792 50	12230073 51	25389431 50	13489916 51	11101780 51
24	24130326 50	12472618 51	21894600 50	13740357 51	11281256 51
20	20203723 50	12667697 51	18344029 50	13972856 51	11449332 51
16	16221793 50	12817290 51	14742826 50	14178742 51	11599162 51
14	14214632 50	12876395 51	12925384 50	14269032 51	11665130 51
12	12198866 50	12925918 51	11098102 50	14349549 51	11724082 51
10	10175990 50	12966520 51	92621588 49	14419376 51	11775295 51
8	81473813 49	12998811 51	74188319 49	14477700 51	11818133 51
6	61143169 49	13023331 51	55694882 49	14523824 51	11852049 51
4	40779891 49	13040521 51	37155658 49	14557182 51	11876597 51
2	20395233 49	13050702 51	18585588 49	14577368 51	11891461 51
128×10^{-11}	13054073 40	13054073 51	11896435 40	14584124 51	11896437 51

Φ: 40	$y_R =$ 50000000 50	$A_o =$ 33466309 50	$y =$ 39038820 50	$A_{xR} =$ 65401401 50	Table 43
$t_R \times 128$	n_o	G_o	n_x	G_R	G_R / G_{RL}
128	10000000 51	10000000 51	10000000 51	10000000 51	10000000 51
126	98756467 50	99488089 50	98639434 50	10048252 51	99494746 50
125	98134834 50	99235367 50	97958690 50	10072484 51	99252606 50
124	97513251 50	98984977 50	97277611 50	10096799 51	99017407 50
122	96270190 50	98491586 50	95914405 50	10145719 51	98567717 50
120	95027147 50	98008895 50	94549662 50	10195100 51	98145553 50
116	92540341 50	97080199 50	91815000 50	10295590 51	97383407 50
112	90051159 50	96209341 50	89072324 50	10399034 51	96731106 50
108	87557513 50	95409218 50	86320160 50	10506273 51	96189851 50
104	85056863 50	94695543 50	83556883 50	10618220 51	95761786 50
100	82546094 50	94087356 50	80780658 50	10735872 51	95450073 50
96	80021438 50	93607436 50	77989453 50	10860285 51	95258564 50
88	74911396 50	93144410 50	72352891 50	11133900 51	95254970 50
80	69679263 50	93571751 50	66626604 50	11448286 51	95792073 50
72	64260990 50	95200372 50	60786614 50	11812189 51	96909973 50
64	58576950 50	98305699 50	54806205 50	12232156 51	98634838 50
56	52541038 50	10295767 51	48657461 50	12709979 51	10096043 51
48	46081538 50	10881349 51	42313942 50	13239438 51	10382515 51
40	39168936 50	11507331 51	35754733 50	13802916 51	10708857 51
36	35549668 50	11804767 51	32390471 50	14088171 51	10880021 51
32	31832615 50	12077700 51	28969584 50	14369084 51	11051594 51
28	28029004 50	12319071 51	25493369 50	14639677 51	11219241 51
24	24151373 50	12525059 51	21964427 50	14893408 51	11378244 51
20	20212506 50	12694652 51	18386750 50	15123453 51	11523712 51
16	16224750 50	12828837 51	14765734 50	15323043 51	11650811 51
14	14216165 50	12883278 51	12941033 50	15409413 51	11706045 51
12	12199561 50	12929663 51	11108124 50	15485862 51	11755047 51
10	10176279 50	12968554 51	92680431 49	15551732 51	11797347 51
8	81474765 49	12999569 51	74218807 49	15606451 51	11832540 51
6	61143396 49	13023572 51	55707663 49	15649531 51	11860283 51
4	40779922 49	13040568 51	37159531 49	15680588 51	11880301 51
2	20395234 49	13050705 51	18586074 49	15699338 51	11892393 51
128×10^{-11}	13054073 40	13054073 51	11896436 40	15705606 51	11896437 51

Φ: 40	$y_R =$ 75000000 50	$A_o =$ 30745531 50	$y =$ 51975035 50	$A_{xR} =$ 79058718 50	Table 44
$t_R \times 128$	n_o	G_o	n_x	G_R	G_R / G_{RL}
128	10000000 51	10000000 51	10000000 51	10000000 51	10000000 51
126	98837137 50	99406659 50	98698718 50	10091391 51	99248705 50
125	98255107 50	99116518 50	98046833 50	10137543 51	98896298 50
124	97672630 50	98830975 50	97394072 50	10184017 51	98558955 50
122	96506194 50	98274461 50	96085854 50	10277985 51	97928333 50
120	95337497 50	97738741 50	94773865 50	10373404 51	97354689 50
116	92991944 50	96736983 50	92137680 50	10569038 51	96370838 50
112	90632676 50	95841647 50	89483673 50	10771829 51	95594414 50
108	88256638 50	95071255 50	86809882 50	10982701 51	95015064 50
104	85859028 50	94446360 50	84114203 50	11202579 51	94624528 50
100	83435172 50	93992089 50	81394389 50	11432370 51	94416181 50
96	80979548 50	93732797 50	78648086 50	11672937 51	94384554 50
88	75947231 50	93911044 50	73065978 50	12189450 51	94833039 50
80	70704119 50	95196700 50	67347038 50	12756884 51	95934584 50
72	65164666 50	97744586 50	61469742 50	13376808 51	97647363 50
64	59323840 50	10155453 51	55413254 50	14045871 5.	99910602 50
56	53070128 50	10638679 51	49159298 50	14753960 51	10263264 51
48	46399751 50	11176166 51	42694577 50	15482573 51	10568096 51
40	39324938 50	11708323 51	36013576 50	16203990 51	10887722 51
36	35649113 50	11955184 51	32593064 50	16550931 51	11046316 51
32	31891363 50	12182197 51	29121335 50	16881898 51	11200055 51
28	28060692 50	12385759 51	25601050 50	17191434 51	11345747 51
24	24166626 50	12563518 51	22035744 50	17474009 51	11480188 51
20	20218825 50	12714155 51	18429838 50	17724190 51	11600253 51
16	16226868 50	12837127 51	14788594 50	17936878 51	11703026 51
14	14217260 50	12888207 51	12956576 50	18027710 51	11747101 51
12	12200092 50	12932376 51	11118041 50	18107511 51	11785911 51
10	10176485 50	12969665 51	92738446 49	18175837 51	11819203 51
8	81475438 49	13000110 51	74248777 49	18232292 51	11846755 51
6	61143553 49	13023744 51	55720598 49	18276545 51	11868378 51
4	40779941 49	13040603 51	37163320 49	18308345 51	11883930 51
2	20395234 49	13050707 51	18586549 49	18327501 51	11893305 51
128×10^{-11}	13054073 40	13054073 51	11896435 40	18333899 51	11896437 51

Φ: 40	y_R = 10000000 51	A_o = 29332332 50	y = 61803400 50	A_{xR} = 96645078 50	Table 45
$t_R \times 128$	n_o	G_o	n_x	G_R	G_R / G_{RL}
128	10000000 51	10000000 51	10000000 51	10000000 51	10000000 51
126	98892596 50	99366270 50	98741342 50	10146889 51	98985898 50
125	98337529 50	99058826 50	98110011 50	10221193 51	98519583 50
124	97781479 50	98757982 50	97477303 50	10296092 51	98079178 50
122	96666233 50	98177032 50	96207669 50	10447721 51	97272462 50
120	95546409 50	97625421 50	94932197 50	10601881 51	96559204 50
116	93291178 50	96618824 50	92362741 50	10918210 51	95590520 50
112	91011690 50	95756574 50	89766929 50	11245888 51	94533972 50
108	88703328 50	95058759 50	87142656 50	11585661 51	93958127 50
104	86360942 50	94546929 50	84487759 50	11938194 51	93637345 50
100	83978867 50	94243418 50	81799988 50	12304040 51	93550325 50
96	81550920 50	94170575 50	79077070 50	12683612 51	93678938 50
88	76530616 50	94798749 50	73516589 50	13484651 51	94521004 50
80	71244075 50	96557091 50	67788106 50	14340343 51	96050863 50
72	65636168 50	99468096 50	61874524 50	15244944 51	98162017 50
64	59661020 50	10340016 51	55761190 50	16186617 51	10074055 51
56	53291162 50	10805650 51	49437547 50	17146344 51	10365552 51
48	46523978 50	11302420 51	42898935 50	18097406 51	10675367 51
40	39382788 50	11786568 51	36148399 50	19005772 51	10985922 51
36	35685315 50	12011762 51	32697116 50	19431692 51	11135497 51
32	31912450 50	12220495 51	29198261 50	19831761 51	11277957 51
28	28071953 50	12409750 51	25654982 50	20200635 51	11410627 51
24	24172007 50	12577182 51	22071079 50	20533079 51	11531713 51
20	20221045 50	12721032 51	18450988 50	20824094 51	11638347 51
16	16227610 50	12840037 51	14799727 50	21069120 51	11728680 51
14	14217644 50	12889936 51	12964122 50	21173112 51	11767162 51
12	12200272 50	12933319 51	11122841 50	21264160 51	11800923 51
10	10176558 50	12970124 51	92766465 49	21341876 51	11829789 51
8	81475681 49	13000299 51	74263225 49	21405934 51	11853617 51
6	61143614 49	13023804 51	55726725 49	21456044 51	11872275 51
4	40779950 49	13040613 51	37165145 49	21491998 51	11885675 51
2	20395234 49	13050709 51	18586780 49	21513633 51	11893742 51
128×10^{-11}	13054073 40	13054073 51	11896436 40	21520857 51	11896437 51

Φ: 40	y_R = 15000000 51	A_o = 28288306 50	y = 75000000 50	A_{xR} = 14385053 51	Table 46
$t_R \times 128$	n_o	G_o	n_x	G_R	G_R / G_{RL}
128	10000000 51	10000000 51	10000000 51	10000000 51	10000000 51
126	98960587 50	99339211 50	98795375 50	10295620 51	98380635 50
125	98438135 50	99022467 50	98189900 50	10445195 51	97665323 50
124	97913781 50	98715167 50	97582274 50	10595958 51	97007256 50
122	96859060 50	98129934 50	96360447 50	10901077 51	95848044 50
120	95795859 50	97585626 50	95129667 50	11211032 51	94876827 50
116	93641671 50	96628431 50	92640291 50	11845598 51	93414651 50
112	91446303 50	95861020 50	90112230 50	12499874 51	92484617 50
108	89204558 50	95300581 50	87543575 50	13173869 51	91988018 50
104	86910931 50	94963498 50	84932442 50	13867367 51	91851120 50
100	84559773 50	94864413 50	82276966 50	14579885 51	92017274 50
96	82145310 50	95015370 50	79575367 50	15310647 51	92441642 50
88	77103716 50	96096579 50	74027035 50	16822103 51	93924933 50
80	71743288 50	98215225 50	68275208 50	18388349 51	96069742 50
72	66026933 50	10128589 51	62310329 50	19989314 51	98693620 50
64	59938075 50	10512580 51	56126541 50	21597666 51	10163608 51
56	53464057 50	10947281 51	49722754 50	23178726 51	10474411 51
48	46617555 50	11401979 51	43103687 50	24691143 51	10786574 51
40	39425247 50	11845310 51	36280711 50	26088444 51	11084882 51
36	35711640 50	12053537 51	32798273 50	26728604 51	11224151 51
32	31927685 50	12248430 51	29272395 50	27321550 51	11354410 51
28	28080049 50	12427099 51	25706547 50	27861303 51	11473949 51
24	24175868 50	12587006 51	22104630 50	28342175 51	11581160 51
20	20222634 50	12725959 51	18470948 50	28758897 51	11674574 51
16	16228141 50	12842120 51	14810179 50	29106768 51	11752891 51
14	14217919 50	12891172 51	12971190 50	29253591 51	11786034 51
12	12200399 50	12933993 51	11127329 50	29381744 51	11815004 51
10	10176609 50	12970452 51	92792617 49	29490848 51	11839698 51
8	81475850 49	13000436 51	74276695 49	29580566 51	11860023 51
6	61143656 49	13023847 51	55732433 49	29650632 51	11875910 51
4	40779956 49	13040622 51	37166842 49	29700836 51	11887300 51
2	20395236 49	13050709 51	18586991 49	29731020 51	11894150 51
128×10^{-11}	13054073 40	13054073 51	11896436 40	29741093 51	11896437 51

Table 47

Φ: 40	$y_R =$ 20000000 51	$A_o =$ 26144964 50	$y =$ 82342710 50	$A_{xR} =$ 20758126 51	
$t_R \times 128$	n_o	G_o	n_x	G_R	G_R / G_{RL}
128	10000000 51	10000000 51	10000000 51	10000000 51	10000000 51
126	99098052 50	99338109 50	98825823 50	10496178 51	97652046 50
125	98493311 50	99023332 50	98234812 50	10747067 51	96660185 50
124	97965982 50	98719633 50	97641141 50	10999821 51	95772990 50
122	96963227 50	98146452 50	96445729 50	11510914 51	94272334 50
120	95929226 50	97620423 50	95239376 50	12029419 51	93082009 50
116	93825041 50	96717218 50	92793010 50	13088427 51	91434984 50
112	91668579 50	96024098 50	90300384 50	14176187 51	90534574 50
108	89454881 50	95553855 50	87759903 50	15291696 51	90189843 50
104	87178910 50	95317498 50	85170013 50	16433597 51	90271896 50
100	84835695 50	95323479 50	82529261 50	17600113 51	90689766 50
96	82420388 50	95577196 50	79836305 50	18789051 51	91376724 50
88	77355334 50	96830857 50	74269010 50	21223045 51	93365240 50
80	71951488 50	99042011 50	68520251 50	23708262 51	95939755 50
72	66185162 50	10210316 51	62525297 50	26209050 51	98889332 50
64	60043630 50	10583954 51	56303353 50	28681333 51	10204483 51
56	53526024 50	11002239 51	49858309 50	31073239 51	10525744 51
48	46651339 50	11438899 51	43199384 50	33326527 51	10838900 51
40	39440338 50	11866467 51	36341625 50	35378947 51	11130878 51
36	35720952 50	12066437 51	32844526 50	36310051 51	11265059 51
32	31933053 50	12258323 51	29306086 50	37167432 51	11389435 51
28	28082893 50	12435214 51	25729852 50	37943725 51	11502666 51
24	24177221 50	12590459 51	22119716 50	38632028 51	11603513 51
20	20223192 50	12727686 51	18479683 50	39226015 51	11690857 51
16	16228328 50	12842848 51	14814842 50	39720098 51	11763719 51
14	14218013 50	12891604 51	12974339 50	39928159 51	11794457 51
12	12200444 50	12934231 51	11129324 50	40109538 51	11821279 51
10	10176627 50	12970567 51	92804234 49	40263768 51	11844102 51
8	81475913 49	13000483 51	74282669 49	40390503 51	11862871 51
6	61143666 49	13023863 51	55734957 49	40489397 51	11877524 51
4	40779956 49	13040626 51	37167591 49	40560209 51	11888019 51
2	20395236 49	13050709 51	18587083 49	40602780 51	11894332 51
128×10^{-11}	13054073 40	13054073 51	11896435 40	40616973 51	11896436 51

Table 48

Φ: 40	$y_R =$ 30000000 51	$A_o =$ 26410537 50	$y =$ 90832695 50	$A_{xR} =$ 38623732 51	
$t_R \times 128$	n_o	G_o	n_x	G_R	G_R / G_{RL}
128	10000000 51	10000000 51	10000000 51	10000000 51	10000000 51
126	99034366 50	99349584 50	98855623 50	11058006 51	95855812 50
125	98548543 50	99042846 50	98278695 50	11592414 51	94285205 50
124	98055306 50	98748636 50	97698563 50	12130387 51	92967619 50
122	97062304 50	98198562 50	96528633 50	13216903 51	90927374 50
120	96054625 50	97700708 50	95345678 50	14317269 51	89487490 50
116	93994392 50	96866550 50	92940011 50	16558230 51	87825156 50
112	91869829 50	96255180 50	90480291 50	18850269 51	87224052 50
108	89677049 50	95873816 50	87965365 50	21189728 51	87300236 50
104	87412081 50	95727649 50	85394162 50	23572271 51	87836882 50
100	85071141 50	95819492 50	82765731 50	25992826 51	88701161 50
96	82650668 50	96149523 50	80079265 50	28445591 51	89806069 50
88	77558525 50	97510362 50	74529766 50	33420548 51	92512419 50
80	72114306 50	99751679 50	68742583 50	38434784 51	95634056 50
72	66304052 50	10276466 51	62717954 50	43413330 51	98967268 50
64	60122670 50	10639202 51	56459969 50	48269416 51	10236065 51
56	53574668 50	11043431 51	49977068 50	52906348 51	10568787 51
48	46675813 50	11465977 51	43282391 50	57220492 51	10883627 51
40	39451194 50	11881773 51	36393996 50	61105359 51	11170266 51
36	35727632 50	12079172 51	32884141 50	62853971 51	11300035 51
32	31936898 50	12265427 51	29334832 50	64456645 51	11419316 51
28	28084932 50	12437594 51	25749671 50	65901572 51	11527101 51
24	24178189 50	12592928 51	22132513 50	67177869 51	11622482 51
20	20223589 50	12728922 51	18487445 50	68275647 51	11704641 51
16	16228460 50	12843369 51	14818781 50	69186257 51	11772869 51
14	14218083 50	12891914 51	12976997 50	69569014 51	11801566 51
12	12200476 50	12934398 51	11131009 50	69902350 51	11826567 51
10	10176641 50	12970649 51	92814033 49	70185589 51	11847818 51
8	81475950 49	13000517 51	74287707 49	70418124 51	11865268 51
6	61143680 49	13023873 51	55737094 49	70599481 51	11878881 51
4	40779959 49	13040627 51	37168225 49	70729303 51	11888627 51
2	20395236 49	13050709 51	18587164 49	70807304 51	11894482 51
128×10^{-11}	13054073 40	13054073 51	11896436 40	70833324 51	11896437 51

Φ: 50	y_R = 62500000 49	A_o = 45641164 50	y = 60577385 49	A_{xR} = 51776650 50	Table 49
t_R x 128	n_o	G_o	n_x	G_R	G_R / G_{RL}
128	10000000 51	10000000 51	10000000 51	10000000 51	10000000 51
126	98508247 50	99862929 50	98459620 50	10005458 51	99954655 50
125	97762744 50	99793715 50	97689532 50	10008114 51	99931882 50
124	97017513 50	99724016 50	96919516 50	10010723 51	99909050 50
122	95527840 50	99583132 50	95379702 50	10015793 51	99863154 50
120	94039284 50	99440068 50	93840174 50	10020667 51	99816955 50
116	91065691 50	99146719 50	90762056 50	10029808 51	99723473 50
112	88097153 50	98842370 50	87685245 50	10038119 51	99628329 50
108	85134156 50	98525170 50	84609840 50	10045575 51	99531264 50
104	82177241 50	98193002 50	81535934 50	10052149 51	99431994 50
100	79226977 50	97843547 50	78463647 50	10057816 51	99330274 50
96	76284053 50	97474066 50	75393074 50	10062556 51	99225899 50
88	70423293 50	96662550 50	69257538 50	10069207 51	99008675 50
80	64602131 50	95729736 50	63130170 50	10072169 51	98780902 50
72	58829462 50	94642088 50	57011580 50	10071988 51	98547856 50
64	53115985 50	93367712 50	50901648 50	10070308 51	98325433 50
56	47473291 50	91900489 50	44798497 50	10071164 51	98152749 50
48	41910041 50	90339326 50	38696329 50	10083641 51	98117782 50
40	36418463 50	89144611 50	32581015 50	10126932 51	98406364 50
36	33683203 50	89105647 50	29509811 50	10170776 51	98774992 50
32	30930203 50	89970952 50	26421900 50	10237945 51	99375652 50
28	28119061 50	92537482 50	23308864 50	10336423 51	10028556 51
24	25176646 50	98109007 50	20159912 50	10474121 51	10158119 51
20	21963014 50	10835863 51	16962303 50	10655900 51	10330943 51
16	18376339 50	12383163 51	13703018 50	10878438 51	10543799 51
14	16375986 50	13251656 51	12046903 50	11000121 51	10660518 51
12	14242287 50	14057178 51	10372167 50	11123863 51	10779372 51
10	11993497 50	14702507 51	86788971 49	11244530 51	10895387 51
8	96594806 49	15141068 51	69680243 49	11356061 51	11002699 51
6	72721448 49	15390188 51	52414321 49	11451945 51	11095008 51
4	48570775 49	15505938 51	35019690 49	11525899 51	11166231 51
2	24303598 49	15547956 51	17533611 49	11572635 51	11211253 51
128 x 10^{-11}	15557238 40	15557239 51	11226661 40	11588629 51	11226661 51

Φ: 50	y_R = 93750000 49	A_o = 43747275 50	y = 89458405 49	A_{xR} = 52750625 50	Table 50
t_R x 128	n_o	G_o	n_x	G_R	G_R / G_{RL}
128	10000000 51	10000000 51	10000000 51	10000000 51	10000000 51
126	98540426 50	99803525 50	98470027 50	10008466 51	99932453 50
125	97811162 50	99704439 50	97705169 50	10012602 51	99898681 50
124	97082254 50	99604766 50	96940403 50	10016672 51	99864898 50
122	95625535 50	99403519 50	95411129 50	10024614 51	99797312 50
120	94170328 50	99199599 50	93882226 50	10032292 51	99729668 50
116	91264677 50	98782881 50	90825547 50	10046850 51	99594173 50
112	88365848 50	98352740 50	87770440 50	10060338 51	99458277 50
108	85474406 50	97907189 50	84716982 50	10072751 51	99321916 50
104	82590991 50	97444015 50	81665242 50	10084098 51	99185144 50
100	79716305 50	96960834 50	78615276 50	10094398 51	99048100 50
96	76851105 50	96455103 50	75567147 50	10103683 51	98911073 50
88	71152544 50	95365449 50	69476463 50	10119501 51	98639738 50
80	65502669 50	94155124 50	63393025 50	10132538 51	98380383 50
72	59909490 50	92813328 50	57315663 50	10144887 51	98152829 50
64	54380310 50	91361432 50	51241316 50	10160683 51	97996369 50
56	48917873 50	89913818 50	45163373 50	10187740 51	97985315 50
48	43509998 50	88838617 50	39068811 50	10240134 51	98253500 50
40	38102119 50	89183607 50	32933697 50	10341335 51	99023964 50
36	35353721 50	90640810 50	29839037 50	10420485 51	99694854 50
32	32526323 50	93723291 50	26717426 50	10524871 51	10061504 51
28	29555186 50	99315592 50	23560635 50	10658388 51	10182138 51
24	26346401 50	10835576 51	20359669 50	10822556 51	10332815 51
20	22786492 50	12100729 51	17105780 50	11014269 51	10510557 51
16	18789825 50	13519244 51	13792205 50	11223331 51	10705647 51
14	16628287 50	14153816 51	12112031 50	11328823 51	10804419 51
12	14375471 50	14671092 51	10416490 50	11430937 51	10900185 51
10	12052102 50	15049869 51	87063488 49	11526156 51	10989601 51
8	96797775 49	15297918 51	69829070 49	11610781 51	11069148 51
6	72771042 49	15442423 51	52480033 49	11681187 51	11135378 51
4	48577388 49	15516486 51	35039818 49	11734125 51	11185202 51
2	24303806 49	15548621 51	17536177 49	11767005 51	11216160 51
128 x 10^{-11}	15557238 40	15557239 51	11226660 40	11778158 51	11226663 51

Φ: 50	y_R = 12500000 50	A_o = 42015977 50	y = 11743140 50	A_{xR} = 53781930 50	Table 51
$t_R \times 128$	n_o	G_o	n_x	G_R	G_R / G_{RL}
128	10000000 51	10000000 51	10000000 51	10000000 51	10000000 51
126	98570725 50	99749319 50	98480026 50	10011661 51	99910515 50
125	97856729 50	99623034 50	97720173 50	10017374 51	99865953 50
124	97143150 50	99496125 50	96960424 50	10023008 51	99821511 50
122	95717349 50	99240217 50	95441214 50	10034040 51	99732947 50
120	94293366 50	98981404 50	93922387 50	10044760 51	99644841 50
116	91451138 50	98454231 50	90885940 50	10065267 51	99470041 50
112	88617069 50	97912796 50	87851117 50	10084553 51	99297238 50
108	85791766 50	97355249 50	84817943 50	10102654 51	99126698 50
104	82975888 50	96779705 50	81786420 50	10119624 51	98958859 50
100	80170148 50	96184258 50	78756539 50	10135545 51	98794441 50
96	77375280 50	95567160 50	75728244 50	10150528 51	98634417 50
88	71821269 50	94262683 50	69675983 50	10178367 51	98333805 50
80	66320013 50	92863570 50	63628040 50	10205182 51	98075769 50
72	60876529 50	91394470 50	57581095 50	10234616 51	97894103 50
64	55491730 50	89947980 50	51528942 50	10272924 51	97847044 50
56	50155258 50	88780571 50	45460583 50	10330440 51	98030897 50
48	44828959 50	88537331 50	39357506 50	10423219 51	98595234 50
40	39408550 50	90757946 50	33190279 50	10573573 51	99747743 50
36	36593516 50	93735399 50	30069756 50	10678165 51	10061726 51
32	33642340 50	98743332 50	26916145 50	10805746 51	10171356 51
28	30481119 50	10641492 51	23722504 50	10957024 51	10304301 51
24	27022172 50	11694382 51	20482129 50	11129882 51	10458555 51
20	23190086 50	12929948 51	17189554 50	11318102 51	10628284 51
16	18967961 50	14092110 51	13841864 50	11510465 51	10802991 51
14	16729727 50	14557467 51	12147494 50	11603316 51	10887646 51
12	14426097 50	14920027 51	10440130 50	11690840 51	10967598 51
10	12073503 50	15181076 51	87207205 49	11770[illegible]44 51	11040520 51
8	96870106 49	15354631 51	69905744 49	11839944 51	11104095 51
6	72788508 49	15460898 51	52513444 49	11896717 51	11156149 51
4	48579706 49	15520166 51	35049955 49	11938850 51	11194807 51
2	24303878 49	15548855 51	17537462 49	11964792 51	11218619 51
128×10^{-11}	15557238 40	15557239 51	11226660 40	11973551 51	11226661 51

Φ: 50	y_R = 18750000 50	A_o = 38973956 50	y = 17074405 50	A_{xR} = 56017419 50	Table 52
$t_R \times 128$	n_o	G_o	n_x	G_R	G_R / G_{RL}
128	10000000 51	10000000 51	10000000 51	10000000 51	10000000 51
126	98626264 50	99654293 50	98498839 50	10018611 51	99867324 50
125	97940195 50	99480540 50	97748394 50	10027771 51	99801736 50
124	97254653 50	99306189 50	96998030 50	10036838 51	99736668 50
122	95885233 50	98955526 50	95497561 50	10054692 51	99608074 50
120	94518066 50	98602152 50	93997421 50	10072180 51	99481603 50
116	91790737 50	97886734 50	90998122 50	10106105 51	99235289 50
112	89073215 50	97158882 50	88000034 50	10138722 51	98998495 50
108	86366056 50	96417743 50	85003033 50	10170167 51	98772234 50
104	83669796 50	95662879 50	82006945 50	10200618 51	98557934 50
100	80984953 50	94894393 50	79011521 50	10230294 51	98357392 50
96	78312000 50	94113259 50	76016467 50	10259478 51	98172999 50
88	73003198 50	92523897 50	70025685 50	10317878 51	97865644 50
80	67744313 50	90940716 50	64029839 50	10379797 51	97670577 50
72	62530689 50	89476645 50	58021365 50	10451252 51	97640932 50
64	57345735 50	88383164 50	51988697 50	10540958 51	97854017 50
56	52147988 50	88195190 50	45914675 50	10660806 51	98415474 50
48	46845728 50	90005126 50	39775077 50	10825348 51	99454465 50
40	41250759 50	95853372 50	33537998 50	11048830 51	10109677 51
36	38243107 50	10119491 51	30371284 50	11185308 51	10216698 51
32	35020280 50	10854950 51	27166092 50	11337661 51	10339715 51
28	31521092 50	11780018 51	23918183 50	11503313 51	10476379 51
24	27699583 50	12812500 51	20624362 50	11677454 51	10622330 51
20	23548209 50	13800611 51	17283140 50	11852780 51	10770978 51
16	19109945 50	14589900 51	13895375 50	12019659 51	10913652 51
14	16807366 50	14883812 51	12185089 50	12096438 51	10979608 51
12	14463706 50	15110837 51	10464820 50	12166814 51	11040212 51
10	12089093 50	15278153 51	87355349 49	12229334 51	11094160 51
8	96922206 49	15395743 51	69983909 49	12282628 51	11140221 51
6	72801005 49	15474158 51	52547213 49	12325477 51	11177301 51
4	48561363 49	15522830 51	35060129 49	12356860 51	11204483 51
2	24303931 49	15549021 51	17538749 49	12376010 51	11221080 51
128×10^{-11}	15557238 40	15557239 51	11226660 40	12382449 51	11226662 51

Φ: 50	y_R = 25000000 50	A_o = 36401254 50	y = 22069555 50	A_{xR} = 58485010 50	Table 53
$t_R \times 128$	n_o	G_o	n_x	G_R	G_R / G_{RL}
128	10000000 51	10000000 51	10000000 51	10000000 51	10000000 51
126	96675916 50	99574191 50	98516196 50	10026307 51	99824799 50
125	98014756 50	99360627 50	97774377 50	10039306 51	99738813 50
124	97354183 50	99146631 50	97032604 50	10052207 51	99653925 50
122	96034873 50	98717232 50	95549193 50	10077719 51	99487464 50
120	94718006 50	98285978 50	94065955 50	10102859 51	99325495 50
116	92091856 50	97417835 50	91099855 50	10152123 51	99015630 50
112	89476126 50	96542349 50	88134045 50	10200201 51	98725603 50
108	86871167 50	95660297 50	85168206 50	10247339 51	98457099 50
104	84277245 50	94773327 50	82201949 50	10293837 51	98212287 50
100	81694531 50	93884287 50	79234790 50	10340055 51	97993894 50
96	79123020 50	92997749 50	76266136 50	10386428 51	97805337 50
88	74012428 50	91262989 50	70321326 50	10481796 51	97534957 50
80	68939075 50	89671097 50	64359832 50	10585291 51	97444780 50
72	63886264 50	88427917 50	58370733 50	10704120 51	97594501 50
64	58817745 50	87934220 50	52338938 50	10847459 51	98060709 50
56	53661055 50	88944284 50	46244367 50	11025931 51	98932072 50
48	46279293 50	92786566 50	40061787 50	11249750 51	10029326 51
40	42433647 50	10140245 51	33762127 50	11524678 51	10218998 51
36	39230283 50	10803455 51	30559184 50	11680298 51	10332915 51
32	35776828 50	11613987 51	27316547 50	11845388 51	10457215 51
28	32037451 50	12516279 51	24031945 50	12016239 51	10588654 51
24	28001631 50	13412313 51	20704289 50	12187629 51	10722697 51
20	23692719 50	14193089 51	17334066 50	12352893 51	10853572 51
16	19163065 50	14786228 51	13923661 50	12504261 51	10974568 51
14	16835673 50	15006724 51	12204708 50	12572146 51	11029128 51
12	14477171 50	15180404 51	10477557 50	12633465 51	11078553 51
10	12094611 50	15312818 51	87431009 49	12687240 51	11122002 51
8	96940519 49	15410254 51	70023483 49	12732585 51	11158708 51
6	72805392 49	15478811 51	52564191 49	12768719 51	11188003 51
4	48581944 49	15523757 51	35065221 49	12795009 51	11209341 51
2	24303948 49	15549079 51	17539388 49	12810977 51	11222311 51
128×10^{-11}	15557238 40	15557239 51	11226660 40	12816333 51	11226662 51

Φ: 50	y_R = 37500000 50	A_o = 32333362 50	y = 31122235 50	A_{xR} = 64125689 50	Table 54
$t_R \times 128$	n_o	G_o	n_x	G_R	G_R / G_{RL}
128	10000000 51	10000000 51	10000000 51	10000000 51	10000000 51
126	98760798 50	99448123 50	98546978 50	10043953 51	99740845 50
125	98142100 50	99172368 50	97820367 50	10065793 51	99615346 50
124	97524004 50	98896751 50	97093673 50	10087549 51	99492583 50
122	96289625 50	98346095 50	95640014 50	10130826 51	99255274 50
120	95057663 50	97796407 50	94185946 50	10173824 51	99029004 50
116	92600997 50	96701188 50	91276304 50	10259155 51	98610165 50
112	90153875 50	95614444 50	88364157 50	10343919 51	98237430 50
108	87716022 50	94540925 50	85448791 50	10428556 51	97912862 50
104	85286923 50	93487286 50	82529419 50	10513554 51	97638939 50
100	82865750 50	92462658 50	79605101 50	10599474 51	97418878 50
96	80451323 50	91479413 50	76674794 50	10686934 51	97256365 50
88	75635106 50	89709393 50	70791179 50	10869314 51	97122066 50
80	70815188 50	88388367 50	64866876 50	11066967 51	97277283 50
72	65949784 50	87882661 50	58887244 50	11286890 51	97769395 50
64	60966230 50	88805737 50	52834618 50	11536023 51	98645466 50
56	55743336 50	92112710 50	46688749 50	11819739 51	99940254 50
48	50092474 50	99044265 50	40428161 50	12139397 51	10165695 51
40	43759728 50	11047901 51	34032807 50	12489098 51	10374204 51
36	40256629 50	11766446 51	30779705 50	12670550 51	10488407 51
32	36500938 50	12530866 51	27488199 50	12852374 51	10605989 51
28	32491764 50	13280614 51	24158225 50	13030567 51	10723750 51
24	28247743 50	13955146 51	20790744 50	13200454 51	10837979 51
20	23803552 50	14511764 51	17387867 50	13356867 51	10944591 51
16	19202214 50	14934606 51	13952934 50	13494439 51	11039357 51
14	16856273 50	15097537 51	12224830 50	13554512 51	11081000 51
12	14486888 50	15231025 51	10490517 50	13607958 51	11118176 51
10	12098572 50	15337805 51	87507461 49	13654217 51	11150443 51
8	96953625 49	15420655 51	70063253 49	13692791 51	11177413 51
6	72808523 49	15482138 51	52581172 49	13723256 51	11198752 51
4	48582356 49	15524419 51	35070295 49	13745267 51	11214190 51
2	24303961 49	15549121 51	17540026 49	13758576 51	11223533 51
128×10^{-11}	15557238 40	15557239 51	11226660 40	13763030 51	11226661 51

Φ: 50	y_R = 50000000 50	A_o = 29317100 50	y = 39038820 50	A_{xR} = 70724315 50	Table 55
$t_R \times 128$	n_o	G_o	n_x	G_R	G_R / G_{RL}
128	10000000 51	10000000 51	10000000 51	10000000 51	10000000 51
126	98830512 50	99355244 50	98573200 50	10064639 51	99657005 50
125	93246553 50	99034138 50	97859451 50	10096871 51	99492912 50
124	97663117 50	98713953 50	97145436 50	10129058 51	99333764 50
122	96497787 50	98076609 50	95716605 50	10193313 51	99030102 50
120	95334450 50	97443821 50	94286611 50	10257459 51	98745867 50
116	93013483 50	96194672 50	91422715 50	10385662 51	98235376 50
112	90699464 50	94973283 50	88552869 50	10514166 51	97802056 50
108	88391360 50	93788572 50	85676078 50	10643514 51	97446357 50
104	86087747 50	92652265 50	82791220 50	10774298 51	97169395 50
100	83786727 50	91579625 50	79897070 50	10907147 51	96972838 50
96	81485768 50	90590421 50	76992279 50	11042724 51	96858787 50
88	76870021 50	88971088 50	71144679 50	11324830 51	96888452 50
80	72201231 50	88093589 50	65234931 50	11626159 51	97280403 50
72	67415726 50	88430197 50	59247601 50	11951699 51	98054546 50
64	62413685 50	90679320 50	53165760 50	12304769 51	99220358 50
56	57047139 50	95735561 50	46972089 50	12685427 51	10076540 51
48	51118946 50	10437440 51	40650598 50	13088526 51	10264168 51
40	44418109 50	11642905 51	34189178 50	13501824 51	10475258 51
36	40750102 50	12318879 51	30904034 50	13706219 51	10585047 51
32	36811405 50	12992450 51	27582720 50	13904842 51	10694535 51
28	32673961 50	13622221 51	24226226 50	14093943 51	10801013 51
24	28341188 50	14175134 51	20836347 50	14269477 51	10901574 51
20	23844009 50	14632105 51	17415724 50	14427257 51	10993227 51
16	19216165 50	14988252 51	13967853 50	14563174 51	11073048 51
14	16863561 50	15129940 51	•12235014 50	14621728 51	11107666 51
12	14490309 50	15248930 51	10497037 50	14673425 51	11138340 51
10	12099963 50	15346595 51	87545724 49	14717871 51	11164790 51
8	96958225 49	15424303 51	70083066 49	14754730 51	11186780 51
6	72809620 49	15483305 51	52589611 49	14783708 51	11204103 51
4	48562503 49	15524650 51	35072813 49	14804576 51	11216596 51
2	24303967 49	15549135 51	17540343 49	14817163 51	11224137 51
128×10^{-11}	15557238 40	15557239 51	11226660 40	14821373 51	11226662 51

Φ: 50	y_R = 75000000 50	A_o = 25295600 50	y = 51975035 50	A_{xR} = 86888217 50	Table 56
$t_R \times 128$	n_o	G_o	n_x	G_R	G_R / G_{RL}
128	10000000 51	10000000 51	10000000 51	10000000 51	10000000 51
126	98937572 50	99232618 50	98614671 50	10115354 51	99484381 50
125	98406719 50	98852588 50	97921063 50	10173102 51	99243192 50
124	97876087 50	98475157 50	97226812 50	10230907 51	99012748 50
122	96815388 50	97728714 50	95836279 50	10346728 51	98583315 50
120	95755275 50	96994506 50	94442937 50	10462883 51	98194452 50
116	93635934 50	95568473 50	91647219 50	10696465 51	97532746 50
112	91515988 50	94210214 50	88838426 50	10932202 51	97017641 50
108	89392899 50	92936081 50	86015240 50	11170635 51	96640945 50
104	87263443 50	91766467 50	83176271 50	11412293 51	96395914 50
100	85123680 50	90726554 50	80320042 50	11657674 51	96276892 50
96	82968735 50	89847239 50	77445031 50	11907229 51	96278982 50
88	78588125 50	88728676 50	71632234 50	12420316 51	96629160 50
80	74056906 50	88808235 50	65724734 50	12953414 51	97412533 50
72	69282579 50	90615555 50	59709309 50	13506060 51	98590871 50
64	64139965 50	94754121 50	53573574 50	14074484 51	10011413 51
56	58475638 50	10168742 51	47307173 50	14650607 51	10191369 51
48	52132331 50	11132916 51	40903233 50	15221297 51	10389755 51
40	44997969 50	12266560 51	34360000 50	15768136 51	10594865 51
36	41125053 50	12842584 51	31037376 50	16025551 51	10695671 51
32	37058220 50	13393101 51	27682348 50	16268080 51	10792826 51
28	32813228 50	13898236 51	24296757 50	16492405 51	10884413 51
24	28410564 50	14343708 51	20882962 50	16695205 51	10968524 51
20	23873475 50	14721135 51	17443837 50	16873259 51	11043330 51
16	19226211 50	15027140 51	13982744 50	17023573 51	11107135 51
14	16868793 50	15153289 51	12245133 50	17087483 51	11134436 51
12	14492760 50	15261779 51	10503488 50	17143491 51	11158445 51
10	12100956 50	15352888 51	87583451 49	17191341 51	11179015 51
8	96961513 49	15426911 51	70102553 49	17230809 51	11196024 51
6	72810403 49	15484137 51	52597883 49	17261705 51	11209364 51
4	48582606 49	15524816 51	35075278 49	17283882 51	11218952 51
2	24303969 49	15549146 51	17540652 49	17297233 51	11224731 51
128×10^{-11}	15557238 40	15557239 51	11226660 40	17301690 51	11226661 51

Φ: 50	y_R = 10000000 51	A_o = 22891022 50	y = 61803400 50	A_{xR} = 10716703 51	Table 57
t_R x 128	n_o	G_o	n_x	G_R	G_R / G_{RL}
128	10000000 51	10000000 51	10000000 51	10000000 51	10000000 51
126	99015171 50	99160427 50	98645057 50	10178975 51	99298906 50
125	98522578 50	98746599 50	97966072 50	10268718 51	98977665 50
124	98029837 50	98337004 50	97286064 50	10358644 51	98675038 50
122	97043718 50	97531330 50	95922872 50	10539065 51	98122912 50
120	96056503 50	96745158 50	94555320 50	10720295 51	97637688 50
116	94077332 50	95239394 50	91806489 50	11085383 51	96851081 50
112	92089086 50	93837854 50	89038251 50	11454295 51	96285861 50
108	90087888 50	92562482 50	86249253 50	11827351 51	95918200 50
104	88069036 50	91439706 50	83438094 50	12204805 51	95728511 50
100	86026961 50	90500907 50	80603366 50	12586805 51	95700250 50
96	83954993 50	89783142 50	77743657 50	12973390 51	95819187 50
88	79688606 50	89188625 50	71943678 50	13759773 51	96449479 50
80	75190100 50	90067293 50	66027332 50	14561162 51	97529897 50
72	70355492 50	92880761 50	59984913 50	15371555 51	98977263 50
64	65059695 50	98016329 50	53808676 50	16181120 51	10070634 51
56	59170921 50	10556000 51	47493773 50	16975792 51	10262447 51
48	52579155 50	11505596 51	41039287 50	17737242 51	10462913 51
40	45230791 50	12547245 51	34449159 50	18443400 51	10660854 51
36	41277473 50	13061719 51	31105972 50	18768105 51	10755222 51
32	37150413 50	13551005 51	27732916 50	19069643 51	10844554 51
28	32863963 50	14002151 51	24332116 50	19344836 51	10927408 51
24	28435397 50	14405160 51	20906074 50	19590626 51	11002416 51
20	23883902 50	14752925 51	17457642 50	19804116 51	11068293 51
16	19229744 50	15040864 51	13989999 50	19982698 51	11123894 51
14	16870628 50	15161499 51	12250046 50	20058174 51	11147525 51
12	14493618 50	15266288 51	10506612 50	20124100 51	11168227 51
10	12101304 50	15355095 51	87601673 49	20180262 51	11185907 51
8	96962656 49	15427824 51	70111946 49	20226478 51	11200488 51
6	72810675 49	15484428 51	52601870 49	20262585 51	11211899 51
4	48562644 49	15524874 51	35076464 49	20288463 51	11220087 51
2	24303970 49	15549149 51	17540802 49	20304026 51	11225015 51
128 x 10^{-11}	15557238 40	15557239 51	11226661 40	20309221 51	11226661 51

Φ: 50	y_R = 15000000 51	A_o = 20487227 50	y = 75000000 50	A_{xR} = 16076154 51	Table 58
t_R x 128	n_o	G_o	n_x	G_R	G_R / G_{RL}
128	10000000 51	10000000 51	10000000 51	10000000 51	10000000 51
126	99117989 50	99090328 50	98684356 50	10346999 51	98871591 50
125	98675732 50	98645322 50	98024119 50	10521148 51	98375504 50
124	98232548 50	98207272 50	97362252 50	10695731 51	97920689 50
122	97343180 50	97353152 50	96033535 50	11046190 51	97123955 50
120	96449372 50	96530479 50	94698073 50	11398359 51	96462139 50
116	94646203 50	94990415 50	92006308 50	12107714 51	95481703 50
112	92818075 50	93611246 50	89285805 50	12823489 51	94878994 50
108	90959237 50	92420778 50	86535447 50	13545212 51	94580962 50
104	89063057 50	91450615 50	83754146 50	14272241 51	94532821 50
100	87121992 50	90735961 50	80940869 50	15003740 51	94692329 50
96	85127490 50	90315358 50	78094654 50	15738665 51	95025902 50
88	80938804 50	90521126 50	72299952 50	17213517 51	96110364 50
80	76408631 50	92394323 50	66364166 50	18683858 51	97613625 50
72	71436887 50	96193015 50	60283485 50	20132811 51	99402110 50
64	65921675 50	10199296 51	54056690 50	21539530 51	10136249 51
56	59775039 50	10958111 51	47685678 50	22879524 51	10339202 51
48	52940948 50	11842398 51	41175918 50	24125368 51	10539410 51
40	45408903 50	12774934 51	34536781 50	25247791 51	10727692 51
36	41391602 50	13232475 51	31172735 50	25753434 51	10814647 51
32	37218305 50	13670300 51	27781689 50	26217205 51	10895462 51
28	32900875 50	14078917 51	24365945 50	26635650 51	10969196 51
24	28453313 50	14449870 51	20928027 50	27005544 51	11034987 51
20	23891388 50	14775838 51	17470674 50	27323932 51	11092055 51
16	19232270 50	15050704 51	13996811 50	27588207 51	11139718 51
14	16871940 50	15167378 51	12254650 50	27699346 51	11159841 51
12	14494232 50	15269514 51	10509533 50	27796154 51	11177405 51
10	12101553 50	15356670 51	87618684 49	27878429 51	11192359 51
8	96963481 49	15428478 51	70120699 49	27945990 51	11204657 51
6	72810877 49	15484636 51	52605578 49	27998692 51	11214262 51
4	48582669 49	15524916 51	35077566 49	28036415 51	11221141 51
2	24303972 49	15549150 51	17540939 49	28059088 51	11225279 51
128 x 10^{-11}	15557238 40	15557239 51	11226661 40	28066653 51	11226661 51

Table 59

Φ:	$y_R =$		$A_o =$		$y =$		$A_{xR} =$			
50	20000000	51	19565159	50	82842710	50	23260996	51		
$t_R \times 128$	n_o		G_o		n_x		G_R		G_R / G_{RL}	
128	10000000	51	10000000	51	10000000	51	10000000	51	10000000	51
126	99180979	50	99065280	50	98706911	50	10572097	51	98358364	50
125	98769238	50	98610664	50	98057350	50	10859205	51	97668765	50
124	98355918	50	98164982	50	97405757	50	11147001	51	97054454	50
122	97524217	50	97301782	50	96096401	50	11724603	51	96022408	50
120	96685247	50	96478496	50	94778736	50	12304771	51	95212645	50
116	94982694	50	94963967	50	92118005	50	13472221	51	94116147	50
112	93242301	50	93647567	50	89422694	50	14648040	51	93548009	50
108	91457336	50	92558187	50	86691971	50	15830675	51	93368721	50
104	89620334	50	91727037	50	83925113	50	17018316	51	93483834	50
100	87723023	50	91187106	50	81121433	50	18208890	51	93826669	50
96	85756380	50	90972264	50	78280372	50	19400048	51	94348183	50
88	81575594	50	91649449	50	72484342	50	21773333	51	95786088	50
80	76993944	50	93988918	50	66534735	50	24113773	51	97580729	50
72	71924299	50	98119320	50	60431502	50	26392616	51	99581944	50
64	66285835	50	10399976	51	54177162	50	28577137	51	10167411	51
56	60015318	50	11137681	51	47777121	50	30631418	51	10376081	51
48	53077774	50	11978744	51	41239885	50	32517476	51	10575770	51
40	45473822	50	12860867	51	34577165	50	34196735	51	10758932	51
36	41432659	50	13295349	51	31203285	50	34947022	51	10842185	51
32	37242488	50	13713424	51	27803866	50	35631775	51	10918855	51
28	32913930	50	14106306	51	24381237	50	36246821	51	10988248	51
24	28459622	50	14465682	51	20937901	50	36788298	51	11049730	51
20	23894014	50	14783900	51	17476508	50	37252735	51	11102744	51
16	19233158	50	15054153	51	13999850	50	37637073	51	11146799	51
14	16872401	50	15169439	51	12256700	50	37798392	51	11165341	51
12	14494448	50	15270641	51	10510832	50	37938753	51	11181495	51
10	12101641	50	15357221	51	87626235	49	38057938	51	11195229	51
8	96963763	49	15428706	51	70124581	49	38155733	51	11206509	51
6	72810942	49	15484709	51	52607219	49	38231973	51	11215311	51
4	48582678	49	15524930	51	35078049	49	38286522	51	11221612	51
2	24303972	49	15549152	51	17540999	49	38319288	51	11225397	51
128×10^{-11}	15557238	40	15557239	51	11226660	40	38330218	51	11226661	51

Table 60

Φ:	$y_R =$		$A_o =$		$y =$		$A_{xR} =$			
50	30000000	51	19218087	50	90832695	50	43346560	51		
$t_R \times 128$	n_o		G_o		n_x		G_R		G_R / G_{RL}	
128	10000000	51	10000000	51	10000000	51	10000000	51	10000000	51
126	99250082	50	99059166	50	98729315	50	11201087	51	97096103	50
125	98871445	50	98605088	50	98090283	50	11803625	51	96003058	50
124	98490255	50	98162350	50	97448783	50	12407421	51	95090815	50
122	97719798	50	97312352	50	96158335	50	13618590	51	93690831	50
120	96937978	50	96512067	50	94857901	50	14834152	51	92718173	50
116	95337083	50	95072707	50	92226785	50	17276554	51	91635160	50
112	93680948	50	93869187	50	89554989	50	19730607	51	91297556	50
108	91962413	50	92927338	50	86842111	50	22191855	51	91428931	50
104	90173842	50	92273334	50	84087863	50	24655443	51	91873084	50
100	88307141	50	91932915	50	81292030	50	27116076	51	92534280	50
96	86353853	50	91930542	50	78454545	50	29568072	51	93349873	50
88	82152448	50	93025117	50	72654769	50	34421365	51	95282810	50
80	77498931	50	95686408	50	66690184	50	39161954	51	97443412	50
72	72325434	50	99953165	50	60564593	50	43731059	51	99691579	50
64	66573030	50	10574206	51	54284128	50	48065595	51	10192842	51
56	60198215	50	11282672	51	47857369	50	52099770	51	10407661	51
48	53179170	50	12083165	51	41295430	50	55767026	51	10607170	51
40	45521069	50	12924423	51	34611909	50	59002351	51	10785829	51
36	41462353	50	13341311	51	31229464	50	60438746	51	10865821	51
32	37259900	50	13744679	51	27822799	50	61744739	51	10938867	51
28	32923301	50	14126040	51	24394251	50	62913752	51	11004490	51
24	28464137	50	14477030	51	20946279	50	63939804	51	11062262	51
20	23895894	50	14789670	51	17481448	50	64817491	51	11111802	51
16	19233790	50	15056620	51	14002418	50	65542191	51	11152787	51
14	16872729	50	15170909	51	12258432	50	65845897	51	11169983	51
12	14494600	50	15271449	51	10511928	50	66109969	51	11184946	51
10	12101702	50	15357617	51	87632612	49	66334032	51	11197648	51
8	96963975	49	15428870	51	70127857	49	66517776	51	11208069	51
6	72810994	49	15484760	51	52608607	49	66660946	51	11216193	51
4	48582684	49	15524940	51	35078465	49	66763347	51	11222004	51
2	24303972	49	15549153	51	17541050	49	66824864	51	11225497	51
128×10^{-11}	15557238	40	15557239	51	11226661	40	66845364	51	11226660	51

Φ: 54	y_R = °62500000 49	A_o = 45390889 50	y = 60577385 49	A_{xR} = 52040218 50	Table 61
t_R x 128	n_o	G_o	n_x	G_R	G_R / G_{RL}
128	10000000 51	10000000 51	10000000 51	10000000 51	10000000 51
126	98512263 50	99855020 50	98455580 50	10006284 51	99962907 50
125	97768838 50	99781792 50	97683456 50	10009356 51	99944[illegible]83 50
124	97025660 50	99708044 50	96911392 50	10012382 51	99925608 50
122	95540173 50	99558884 50	95367428 50	10018294 51	99888090 50
120	94055878 50	99407364 50	93823701 50	10024018 51	99850334 50
116	91091075 50	99096367 50	90737016 50	10034882 51	99773923 50
112	88131706 50	98773276 50	87651390 50	10044955 51	99696176 50
108	85178301 50	98436020 50	84566909 50	10054219 51	99616908 50
104	82231443 50	98082225 50	81483640 50	10062652 51	99535885 50
100	79291789 50	97709203 50	78401694 50	10070231 51	99452883 50
96	76360095 50	97313823 50	75321137 50	10076946 51	99367798 50
88	70524025 50	96441318 50	69164569 50	10087737 51	99190877 50
80	64731381 50	95429960 50	63014610 50	10095094 51	99005735 50
72	58992531 50	94236153 50	56871728 50	10099482 51	98816867 50
64	53320510 50	92810328 50	50735783 50	10102268 51	98637487 50
56	47730786 50	91113580 50	44605184 50	10106778 51	98499840 50
48	42238808 50	89180501 50	38475127 50	10120445 51	98475899 50
40	36849484 50	87340291 50	32334021 50	10158877 51	98716783 50
36	34183887 50	86803149 50	29252291 50	10195995 51	99019910 50
32	31518720 50	87001082 50	26156875 50	10251921 51	99511311 50
28	28819166 50	88718367 50	23040955 50	10333063 51	10025296 51
24	26016296 50	93403132 50	19895808 50	10445744 51	10130598 51
20	22981673 50	10343434 51	16711171 50	10593802 51	10270739 51
16	19505859 50	12129117 51	13476572 50	10774468 51	10443027 51
14	17525452 50	13266692 51	11837855 50	10873087 51	10537406 51
12	15357798 50	14477688 51	10184086 50	10973289 51	10633461 51
10	13011945 50	15523410 51	85153431 49	11070930 51	10727178 51
8	10523323 50	16281792 51	68323824 49	11161132 51	10813836 51
6	79409802 49	16725282 51	51367289 49	11238652 51	10888362 51
4	53093409 49	16929048 51	34306860 49	11298423 51	10945854 51
2	26575961 49	16998697 51	17172611 49	11336190 51	10982191 51
128 x 10⁻¹¹	17013014 40	17013014 51	10994627 40	11349114 51	10994627 51

Φ: 54	y_R = 93750000 49	A_o = 43384078 50	y = 89458405 49	A_{xR} = 53142574 50	Table 62
t_R x 128	n_o	G_o	n_x	G_R	G_R / G_{RL}
128	10000000 51	10000000 51	10000000 51	10000000 51	10000000 51
126	98546352 50	99792040 50	98464101 50	10009693 51	99944704 50
125	97820098 50	99687115 50	97696260 50	10014444 51	99917059 50
124	97094209 50	99581527 50	96928485 50	10019130 51	99889404 50
122	95643635 50	99368235 50	95393161 50	10028310 51	99834106 50
120	94194703 50	99151923 50	93858133 50	10037232 51	99778776 50
116	91301996 50	98709282 50	90788993 50	10054294 51	99667965 50
112	88416676 50	98251508 50	87721128 50	10070312 51	99556882 50
108	85539417 50	97776170 50	84654598 50	10085285 51	99445507 50
104	82670933 50	97280667 50	81589460 50	10099218 51	99333861 50
100	79812000 50	96762078 50	78525758 50	10112130 51	99222090 50
96	76963523 50	96217185 50	75463533 50	10124050 51	99110458 50
88	71301918 50	95034330 50	69343573 50	10145154 51	98889790 50
80	65695050 50	93702360 50	63229417 50	10163353 51	98679577 50
72	60153311 50	92194173 50	57120058 50	10180381 51	98496237 50
64	54687770 50	90502913 50	51012942 50	10199636 51	98372058 50
56	49307335 50	88692361 50	44902610 50	10227501 51	98367735 50
48	44010326 50	87038721 50	38778383 50	10275420 51	98592067 50
40	38760244 50	86435924 50	32620747 50	10362359 51	99225281 50
36	36116795 50	87230273 50	29519739 50	10428704 51	99773487 50
32	33416713 50	89548987 50	26396755 50	10515258 51	10052314 51
28	30595959 50	94456250 50	23245158 50	10625114 51	10150351 51
24	27550298 50	10345352 51	20057702 50	10759429 51	10272544 51
20	24128242 50	11791246 51	16827373 50	10915637 51	10416436 51
16	20164350 50	13694355 51	13548763 50	11085477 51	10574151 51
14	17951115 50	14657175 51	11890561 50	11171032 51	10653932 51
12	15594522 50	15497565 51	10219947 50	11253777 51	10731251 51
10	13120455 50	16143029 51	85375500 49	11330878 51	10803413 51
8	10561930 50	16575165 51	68444201 49	11399363 51	10867592 51
6	79505517 49	16825515 51	51420434 49	11456318 51	10921016 51
4	53106256 49	16949505 51	34323132 49	11499128 51	10961198 51
2	26576366 49	17000189 51	17174687 49	11525708 51	10986159 51
128 x 10⁻¹¹	17013014 40	17013014 51	10994626 40	11534725 51	10994628 51

Φ: 54	$y_R =$ 12500000 50	$A_0 =$ 41546824 50	$y =$ 11743140 50	$A_{xR} =$ 54300329 50	Table 63
$t_R \times 128$	n_0	G_0	n_x	G_R	G_R / G_{RL}
128	10000000 51	10000000 51	10000000 51	10000000 51	10000000 51
126	98576453 50	99734470 50	98472298 50	10013281 51	99926681 50
125	97868379 50	99600628 50	97708566 50	10019803 51	99890169 50
124	97158766 50	99466044 50	96944901 50	10026248 51	99853778 50
122	95740996 50	99194481 50	95417825 50	10038901 51	99781262 50
120	94325213 50	98919549 50	93891059 50	10051240 51	99709123 50
116	91499939 50	98358528 50	90838495 50	10074987 51	99566099 50
112	88685604 50	97780799 50	87787247 50	10097509 51	99424809 50
108	85878934 50	97183977 50	84737322 50	10118837 51	99285484 50
104	83086705 50	96565564 50	81688728 50	10139017 51	99148502 50
100	80295766 50	95922925 50	78641448 50	10156118 51	99014468 50
96	77523045 50	95253311 50	75595430 50	10176233 51	98884197 50
88	72018155 50	93822890 50	69506835 50	10210072 51	98640109 50
80	66574394 50	92257890 50	63421578 50	10242228 51	98431796 50
72	61200141 50	90560343 50	57336903 50	10275690 51	98286975 50
64	55901480 50	88784912 50	51247683 50	10315570 51	98253237 50
56	50676413 50	87123484 50	45144868 50	10370276 51	98408921 50
48	45500261 50	86117539 50	39013398 50	10452793 51	98674980 50
40	40289244 50	87192844 50	32829306 50	10581056 51	99818336 50
36	37608300 50	89462780 50	29707129 50	10668590 51	10052704 51
32	34811480 50	93889128 50	26558032 50	10774392 51	10141843 51
28	31816315 50	10144273 51	23376427 50	10898980 51	10249715 51
24	28507984 50	11312730 51	20156943 50	11040590 51	10374649 51
20	24755177 50	12864527 51	16895221 50	11194172 51	10511907 51
16	20469393 50	14586651 51	13588961 50	11350659 51	10653007 51
14	18132354 50	15333912 51	11919259 50	11426062 51	10721325 51
12	15688089 50	15940387 51	10239075 50	11497073 51	10785818 51
10	13160972 50	16366468 51	85491768 49	11561698 51	10844618 51
8	10575829 50	16683170 51	68506219 49	11617516 51	10895866 51
6	79539333 49	16861180 51	51447463 49	11663889 51	10937815 51
4	53110759 49	16956688 51	34331334 49	11697998 51	10968965 51
2	26576508 49	17000639 51	17175724 49	11718993 51	10988149 51
128×10^{-11}	17013014 40	17013014 51	10994626 40	11726081 51	10994628 51

Φ: 54	$y_R =$ 16750000 50	$A_0 =$ 38310973 50	$y =$ 17074405 50	$A_{xR} =$ 56763776 50	Table 64
$t_R \times 128$	n_0	G_0	n_x	G_R	G_R / G_{RL}
128	10000000 51	10000000 51	10000000 51	10000000 51	10000000 51
126	98637397 50	99633275 50	98487759 50	10020997 51	99891108 50
125	97956982 50	99448777 50	97731747 50	10031345 51	99837306 50
124	97277157 50	99263507 50	96975793 50	10041595 51	99783938 50
122	95919336 50	98890504 50	95464108 50	10061799 51	99678480 50
120	94564031 50	98514023 50	93952680 50	10081618 51	99574821 50
116	91861261 50	97749816 50	90930604 50	10120136 51	99373065 50
112	89169535 50	96969150 50	87909479 50	10157242 51	99179332 50
108	86489556 50	96170395 50	84889206 50	10193049 51	98994463 50
104	83822074 50	95352076 50	81869630 50	10227703 51	98819628 50
100	81167820 50	94513104 50	78850543 50	10261388 51	98656340 50
96	78527558 50	93652919 50	75831702 50	10294337 51	98506565 50
88	73291749 50	91871897 50	69793280 50	10359263 51	98258183 50
80	68119088 50	90033594 50	63750394 50	10425750 51	98102980 50
72	63010114 50	88217427 50	57696826 50	10498703 51	98084243 50
64	57956025 50	86623030 50	51623073 50	10585196 51	98264688 50
56	52927004 50	85711903 50	45515147 50	10694816 51	98729438 50
48	47847308 50	86511114 50	39353366 50	10839217 51	99581882 50
40	42545413 50	91204462 50	33111956 50	11029677 51	10092152 51
36	39704043 50	96195854 50	29952037 50	11144203 51	10179152 51
32	36650908 50	10377391 51	26760886 50	11271034 51	10278953 51
28	33295872 50	11436548 51	23535118 50	11408050 51	10389620 51
24	29549016 50	12762716 51	20272212 50	11551343 51	10507613 51
20	25353139 50	14185093 51	16971017 50	11695018 51	10627615 51
16	20724483 50	15430242 51	13632276 50	11831329 51	10742652 51
14	18275798 50	15914544 51	11949685 50	11893923 51	10795790 51
12	15759043 50	16292497 51	10259053 50	11951236 51	10844596 51
10	13190805 50	16570104 51	85611618 49	12002107 51	10888025 51
8	10585884 50	16762115 51	68569442 49	12045438 51	10925092 51
6	79563581 49	16886845 51	51474771 49	12080258 51	10954925 51
4	53113978 49	16961826 51	34339561 49	12105748 51	10976790 51
2	26576608 49	17000963 51	17176765 49	12121298 51	10990138 51
128×10^{-11}	17013014 40	17013014 51	10994626 40	12126526 51	10994627 51

Φ: 54	$y_R =$ 25000000 50	$A_o =$ 35564717 50	$y =$ 22069555 50	$A_{xR} =$ 59494211 50	**Table 65**
$t_R \times 128$	n_o	G_o	n_x	G_R	G_R / G_{RL}
128	10000000 51	10000000 51	10000000 51	10000000 51	10000000 51
126	98690209 50	99547621 50	98502050 50	10029441 51	99856002 50
125	98036299 50	99320445 50	97753138 50	10043990 51	99785348 50
124	97383071 50	99092589 50	97004263 50	10058430 51	99715617 50
122	96078679 50	98634755 50	95506609 50	10086984 51	99578929 50
120	94777097 50	98173965 50	94009083 50	10115120 51	99446039 50
116	92182644 50	97243125 50	91014309 50	10170207 51	99192006 50
112	89600298 50	96299290 50	88019704 50	10223860 51	98954594 50
108	87030644 50	95342085 50	85025010 50	10276286 51	98735223 50
104	84474195 50	94371839 50	82029893 50	10327729 51	98535646 50
100	81931445 50	93389691 50	79033959 50	10378486 51	98358109 50
96	79402785 50	92398157 50	76036715 50	10428915 51	98205422 50
88	74388346 50	90407189 50	70035783 50	10530556 51	97988677 50
80	69429231 50	88473317 50	64020766 50	10637010 51	97920888 50
72	64515555 50	86761672 50	57982695 50	10754121 51	98050384 50
64	59620770 50	85618150 50	51909247 50	10889277 51	98438743 50
56	54685321 50	85745360 50	45784104 50	11050955 51	99156605 50
48	49585418 50	88522412 50	39586873 50	11247204 51	10027056 51
40	44078775 50	96416203 50	33294178 50	11482377 51	10181489 51
36	41048359 50	10331479 51	30104676 50	11613637 51	10273944 51
32	37743403 50	11258086 51	26883009 50	11751830 51	10374621 51
28	34093776 50	12398348 51	23627388 50	11893951 51	10480895 51
24	30050070 50	13648483 51	20336991 50	12035777 51	10589098 51
20	25608781 50	14833055 51	17012266 50	12171949 51	10694590 51
16	20823084 50	15782713 51	13655174 50	12296247 51	10792001 51
14	18329222 50	16141690 51	11965563 50	12351677 51	10835893 51
12	15784763 50	16423760 51	10269359 50	12402064 51	10875633 51
10	13201430 50	16636424 51	85672822 49	12446036 51	10910555 51
8	10589430 50	16790111 51	68601459 49	12483086 51	10940050 51
6	79572084 49	16895866 51	51488505 49	12512590 51	10963582 51
4	53115106 49	16963626 51	34343679 49	12534046 51	10980719 51
2	26576644 49	17001077 51	17177281 49	12547074 51	10991134 51
128×10^{-11}	17013014 40	17013014 51	10994626 40	12551443 51	10994628 51

Φ: 54	$y_R =$ 37500000 50	$A_o =$ 31196827 50	$y =$ 31122235 50	$A_{xR} =$ 65611433 50	**Table 66**
$t_R \times 128$	n_o	G_o	n_x	G_R	G_R / G_{RL}
128	10000000 51	10000000 51	10000000 51	10000000 51	10000000 51
126	98780781 50	99411911 50	98527484 50	10048541 51	99786406 50
125	98172256 50	99117503 50	97791133 50	10072632 51	99683027 50
124	97564450 50	98822868 50	97054703 50	10096609 51	99581941 50
122	96351035 50	98232944 50	95581618 50	10144236 51	99386656 50
120	95140584 50	97642242 50	94108160 50	10191455 51	99200619 50
116	92728687 50	96459154 50	91159933 50	10284812 51	98856778 50
112	90328954 50	95275488 50	88209512 50	10376992 51	98551528 50
108	87941438 50	94094298 50	85256327 50	10468353 51	98286513 50
104	85566049 50	92920146 50	82299713 50	10559298 51	98063762 50
100	83202438 50	91759735 50	79338900 50	10650279 51	97885823 50
96	80849985 50	90622503 50	76373021 50	10741804 51	97755709 50
88	76173708 50	88475517 50	70421933 50	10928767 51	97653304 50
80	71520869 50	86655931 50	64436858 50	11125235 51	97789451 50
72	66858536 50	85490211 50	58405875 50	11336774 51	98201500 50
64	62124640 50	85567924 50	52314648 50	11568828 51	98925984 50
56	57206739 50	87915876 50	46146887 50	11825479 51	99988788 50
48	51910343 50	94166517 50	39885405 50	12107502 51	10138986 51
40	45928422 50	10629642 51	33514323 50	12409793 51	10308329 51
36	42558157 50	11467325 51	30283864 50	12564689 51	10400778 51
32	38873000 50	12478102 51	27022362 50	12718811 51	10495770 51
28	34846352 50	13526744 51	23729823 50	12868941 51	10590737 51
24	30480928 50	14530224 51	20407070 50	13011326 51	10682699 51
20	25811642 50	15392170 51	17055846 50	13141849 51	10768406 51
16	20896971 50	16057188 51	13678873 50	13256236 51	10844491 51
14	18368508 50	16312669 51	11981849 50	13306074 51	10877899 51
12	15803434 50	16520276 51	10279846 50	13350358 51	10907708 51
10	13209079 50	16684476 51	85734671 49	13388649 51	10933572 51
8	10591970 50	16810226 51	68633629 49	13420549 51	10955182 51
6	79578169 49	16902321 51	51502240 49	13445726 51	10972276 51
4	53115913 49	16964913 51	34347786 49	13463907 51	10984640 51
2	26576669 49	17001158 51	17177798 49	13474896 51	10992122 51
128×10^{-11}	17013014 40	17013014 51	10994626 40	13478575 51	10994628 51

Φ: 54	$y_R =$ 50000000 50	$A_0 =$ 27927480 50	$y =$ 39038820 50	$A_{xR} =$ 72683775 50	Table 67
$t_R \times 128$	n_0	G_0	n_x	G_R	G_R / G_{RL}
128	10000000 51	10000000 51	10000000 51	10000000 51	10000000 51
126	98855525 50	99310857 50	98549244 50	10070661 51	99716633 50
125	98284316 50	98966795 50	97823555 50	10105830 51	99581192 50
124	97713802 50	98623132 50	97097644 50	10140897 51	99449867 50
122	96574815 50	97937150 50	95645119 50	10210754 51	99199545 50
120	95438566 50	97253292 50	94191599 50	10280276 51	98965520 50
116	93174136 50	95893976 50	91281208 50	10418506 51	98546039 50
112	90920165 50	94550036 50	88365727 50	10555997 51	98191165 50
108	86676092 50	93228199 50	85444333 50	10693191 51	97901173 50
104	86441022 50	91937612 50	82516101 50	10830563 51	97676828 50
100	84213680 50	90690553 50	79580032 50	10968620 51	97519380 50
96	81992280 50	89503347 50	76635018 50	11107890 51	97430376 50
88	77556579 50	87401964 50	70713138 50	11392267 51	97465403 50
80	73102461 50	85901248 50	64739485 50	11688037 51	97798159 50
72	68575275 50	85455330 50	58701573 50	11999018 51	98442762 50
64	63862650 50	86809447 50	52585810 50	12327590 51	99404376 50
56	58874292 50	91100129 50	46378399 50	12673434 51	10067014 51
48	53321275 50	99763788 50	40066759 50	13032019 51	10219854 51
40	46921944 50	11375226 51	33641548 50	13393156 51	10390949 51
36	43310441 50	12245999 51	30384916 50	13569725 51	10479635 51
32	39391998 50	13171082 51	27099114 50	13740189 51	10567897 51
28	35165294 50	14082539 51	23784991 50	13901549 51	10653570 51
24	30650850 50	14912552 51	20444037 50	14050583 51	10734344 51
20	25887327 50	15611716 51	17078413 50	14183973 51	10807850 51
16	20923566 50	16158218 51	13690951 50	14298480 51	10871789 51
14	18382489 50	16374343 51	11990092 50	14347698 51	10899494 51
12	15810028 50	16554618 51	10285122 50	14391099 51	10924031 51
10	13211769 50	16701429 51	85765634 49	14428375 51	10945182 51
8	10592861 50	16817288 51	68649656 49	14459262 51	10962762 51
6	79580302 49	16904581 51	51509066 49	14483525 51	10976604 51
4	53116194 49	16965362 51	34349821 49	14500990 51	10986586 51
2	26576677 49	17001186 51	17178054 49	14511522 51	10992611 51
128×10^{-11}	17013014 40	17013014 51	10994626 40	14515044 51	10994629 51

Φ: 54	$y_R =$ 75000000 50	$A_0 =$ 23494256 50	$y =$ 51975035 50	$A_{xR} =$ 89823129 50	Table 68
$t_R \times 128$	n_0	G_0	n_x	G_R	G_R / G_{RL}
128	10000000 51	10000000 51	10000000 51	10000000 51	10000000 51
126	98971216 50	99174834 50	98583824 50	10124317 51	99572532 50
125	98457549 50	98764746 50	97874934 50	10186388 51	99372803 50
124	97944355 50	98356442 50	97165480 50	10248407 51	99182109 50
122	96919307 50	97545666 50	95744850 50	10372325 51	98827202 50
120	95895928 50	96743481 50	94321813 50	10496122 51	98506401 50
116	93853586 50	95169375 50	91468030 50	10743568 51	97962241 50
112	91815850 50	93644775 50	88603133 50	10991172 51	97540969 50
108	89780813 50	92183307 50	85726026 50	11239353 51	97235447 50
104	87745986 50	90802357 50	82835584 50	11488513 51	97039720 50
100	85708211 50	89524022 50	79930602 50	11739021 51	96948710 50
96	83663475 50	88376227 50	77009855 50	11991205 51	96957992 50
88	79531691 50	86621464 50	71115867 50	12501607 51	97261598 50
80	75295013 50	85935713 50	65143104 50	13020806 51	97919335 50
72	70858929 50	86914223 50	59081100 50	13547950 51	98896657 50
64	66097980 50	90377308 50	52920184 50	14079474 51	10014963 51
56	60826938 50	97262211 50	46652442 50	14608367 51	10161985 51
48	54819750 50	10818062 51	40272859 50	15123652 51	10323104 51
40	47857728 50	12258560 51	33780573 50	15610290 51	10488806 51
36	43975463 50	13044992 51	30493324 50	15837181 51	10569950 51
32	39823905 50	13824551 51	27180029 50	16049767 51	10647990 51
28	35417093 50	14558696 51	23842220 50	16245422 51	10721413 51
24	30779558 50	15216344 51	20481827 50	16421531 51	10788724 51
20	25943030 50	15777285 51	17101186 50	16575568 51	10848495 51
16	20942803 50	16232061 51	13703007 50	16705196 51	10899408 51
14	18392550 50	16418998 51	11998282 50	16760201 51	10921175 51
12	15814758 50	16579330 51	10290343 50	16808353 51	10940308 51
10	13213693 50	16713581 51	85796153 49	16849455 51	10956697 51
8	10593498 50	16822341 51	68665418 49	16883325 51	10970240 51
6	79581820 49	16906198 51	51515755 49	16909824 51	10980860 51
4	53116397 49	16965684 51	34351811 49	16928837 51	10988493 51
2	26576684 49	17001206 51	17178304 49	16940276 51	10933090 51
128×10^{-11}	17013014 40	17013014 51	10994626 40	16944097 51	10994627 51

Φ: 54	y_R = 10000000 51	A_o = 20761932 50	y = 61803400 50	A_{xR} = 11116123 51	Table 69
t_R x 128	n_o	G_o	n_x	G_R	G_R / G_{RL}
128	10000000 51	10000000 51	10000000 51	10000000 51	10000000 51
126	99056062 50	99091926 50	98609323 50	10191120 51	99417385 50
125	98584395 50	98642324 50	97912687 50	10286683 51	99150826 50
124	98112888 50	98195893 50	97215171 50	10382254 51	98899944 50
122	97170265 50	97313199 50	95817421 50	10573440 51	98442957 50
120	96227953 50	96445316 50	94415935 50	10764720 51	98042300 50
116	94343153 50	94760717 50	91601263 50	11147700 51	97395534 50
112	92455930 50	93157655 50	88770069 50	11531458 51	96934500 50
108	90563122 50	91655436 50	85921263 50	11916194 51	96638705 50
104	88660855 50	90277944 50	83053722 50	12302043 51	96491198 50
100	86744328 50	89054625 50	80166334 50	12689054 51	96477671 50
96	84807705 50	88021492 50	77257958 50	13077184 51	96585792 50
88	80844218 50	86709560 50	71373869 50	13856004 51	97124013 50
80	76693869 50	86803207 50	65393029 50	14635532 51	98028024 50
72	72247922 50	88917326 50	59308039 50	15410186 51	99226008 50
64	67359730 50	93758623 50	53113183 50	16171341 51	10064548 51
56	61848999 50	10189403 51	46805179 50	16907103 51	10220922 51
48	55527934 50	11330630 51	40383913 50	17602355 51	10383345 51
40	48254263 50	12697009 51	33853163 50	18239242 51	10542844 51
36	44243319 50	13406333 51	30549103 50	18529701 51	10618603 51
32	39990338 50	14097115 51	27221104 50	18798151 51	10690162 51
28	35510727 50	14744797 51	23870914 50	19042100 51	10756400 51
24	30826185 50	15329550 51	20500568 50	19259155 51	10816256 51
20	25962864 50	15837071 51	17112371 50	19447072 51	10868745 51
16	20949584 50	16258244 51	13708881 50	19603832 51	10912989 51
14	18396088 50	16434748 51	12002259 50	19669970 51	10931777 51
12	15816416 50	16588017 51	10292871 50	19727684 51	10948228 51
10	13214367 50	16717844 51	85810903 49	19776810 51	10962274 51
8	10593721 50	16824110 51	68673016 49	19817204 51	10973851 51
6	79582359 49	16906765 51	51518976 49	19848750 51	10982911 51
4	53116466 49	16965798 51	34352770 49	19871350 51	10989412 51
2	26576686 49	17001214 51	17178426 49	19884931 51	10993320 51
128 x 10^{-11}	17013014 40	17013014 51	10994627 40	19889469 51	10994628 51

Φ: 54	y_R = 15000000 51	A_o = 17861946 50	y = 75000000 50	A_{xR} = 16727251 51	Table 70
t_R x 128	n_o	G_o	n_x	G_R	G_R / G_{RL}
128	10000000 51	10000000 51	10000000 51	10000000 51	10000000 51
126	99170603 50	99005616 50	98642507 50	10366703 51	99059874 50
125	98755303 50	98516209 50	97961677 50	10550221 51	98647344 50
124	98339527 50	98032327 50	97279445 50	10733846 51	98269637 50
122	97506336 50	97082200 50	95910702 50	11101404 51	97609425 50
120	96670641 50	96157420 50	94536171 50	11469344 51	97062872 50
116	94989772 50	94393992 50	91769283 50	12206193 51	96258311 50
112	93292631 50	92764548 50	88977872 50	12943983 51	95770510 50
108	91574128 50	91296010 50	86161086 50	13682158 51	95537203 50
104	89828261 50	90020230 50	83318105 50	14420018 51	95511628 50
100	88047961 50	88974599 50	80448158 50	15156702 51	95657710 50
96	86224913 50	88202551 50	77550536 50	15891190 51	95946808 50
88	82410439 50	87682987 50	71669780 50	17348578 51	96864466 50
80	78289150 50	88919601 50	65671789 50	18780346 51	98117726 50
72	73740274 50	92401503 50	59554254 50	20171643 51	99593836 50
64	68623170 50	98512951 50	53317004 50	21504693 51	10119856 51
56	62793386 50	10732263 51	46962368 50	22759126 51	10284794 51
48	56130158 50	11839033 51	40495483 50	23912600 51	10446460 51
40	48567422 50	13074466 51	33924515 50	24941704 51	10597637 51
36	44448618 50	13700382 51	30603400 50	25402291 51	10667192 51
32	40114865 50	14309180 51	27260727 50	25823124 51	10731688 51
28	35579530 50	14884818 51	23898368 50	26201534 51	10790417 51
24	30860021 50	15412771 51	20518366 50	26535024 51	10842723 51
20	25977142 50	15880385 51	17122929 50	26821330 51	10888025 51
16	20954445 50	16277058 51	13714396 50	27058458 51	10925813 51
14	18398618 50	16446037 51	12005986 50	27158041 51	10941754 51
12	15817503 50	16594233 51	10295235 50	27244710 51	10955658 51
10	13214849 50	16720892 51	85824659 49	27318328 51	10967495 51
8	10593880 50	16825376 51	68680100 49	27378740 51	10977224 51
6	79582734 49	16907170 51	51521977 49	27425851 51	10984823 51
4	53116519 49	16965878 51	34353664 49	27459561 51	10990264 51
2	26576688 49	17001218 51	17178536 49	27479814 51	10993536 51
128 x 10^{-11}	17013014 40	17013014 51	10994626 40	27486570 51	10994628 51

Φ: 54	y_R = 20000000 51	A_o = 16590595 50	y = 82842710 50	A_{xR} = 24230641 51	*Table 71*
t_R x 128	n_o	G_o	n_x	G_R	G_R / G_{RL}
128	10000000 51	10000000 51	10000000 51	10000000 51	10000000 51
126	99242768 50	98969272 50	98661664 50	10601378 51	98630783 50
125	98862705 50	98464322 50	97989882 50	10902357 51	98056879 50
124	98481575 50	97966730 50	97316357 50	11203509 51	97546456 50
122	97715890 50	96994877 50	95963980 50	11806265 51	96691206 50
120	96945150 50	96056404 50	94604467 50	12409500 51	96023024 50
116	95386030 50	94291594 50	91863649 50	13616767 51	95125937 50
112	93798740 50	92698643 50	89093278 50	14823931 51	94671316 50
108	92176971 50	91308000 50	86292779 50	16029399 51	94540787 50
104	90513434 50	90154491 50	83461639 50	17231385 51	94654250 50
100	88799781 50	89277353 50	80599428 50	18427893 51	94955146 50
96	87026535 50	88719940 50	77705787 50	19616717 51	95401909 50
88	83257364 50	88753908 50	71823274 50	21961414 51	96613501 50
80	79106363 50	90645498 50	65813186 50	24243632 51	98106226 50
72	74458035 50	94739421 50	59676467 50	26438399 51	99754688 50
64	69189915 50	10122038 51	53416092 50	28518066 51	10146394 51
56	63187933 50	10998924 51	47037308 50	30452967 51	10315633 51
48	56365946 50	12058884 51	40547731 50	32212369 51	10476539 51
40	48683909 50	13222464 51	33957406 50	33765582 51	10623283 51
36	44523540 50	13811589 51	30628252 50	34455621 51	10689729 51
32	40159648 50	14387198 51	27278745 50	35083304 51	10750784 51
28	35604008 50	14935312 51	23910778 50	35645424 51	10805935 51
24	30871969 50	15442379 51	20526372 50	36139015 51	10854712 51
20	25982161 50	15895667 51	17127655 50	36561408 51	10896702 51
16	20956149 50	16283664 51	13716856 50	36910295 51	10931553 51
14	18399505 50	16449996 51	12007645 50	37056560 51	10946210 51
12	15818018 50	16596409 51	10296285 50	37183740 51	10958973 51
10	13215018 50	16721956 51	85830772 49	37291655 51	10969817 51
8	10593936 50	16825819 51	68683235 49	37380174 51	10978724 51
6	79582870 49	16907311 51	51523304 49	37449149 51	10985671 51
4	53116534 49	16965907 51	34354055 49	37498490 51	10990643 51
2	26576688 49	17001221 51	17178585 49	37528125 51	10993631 51
128 x 10^{-11}	17013014 40	17013014 51	10994626 40	37538002 51	10994626 51

Φ: 54	y_R = 30000000 51	A_o = 15837909 50	y = 90832695 50	A_{xR} = 45184119 51	*Table 72*
t_R x 128	n_o	G_o	n_x	G_R	G_R / G_{RL}
128	10000000 51	10000000 51	10000000 51	10000000 51	10000000 51
126	99325140 50	98950375 50	98680773 50	11256476 51	97576240 50
125	98984912 50	98439541 50	98017967 50	11885172 51	96666309 50
124	98642717 50	97938487 50	97353018 50	12514106 51	95908452 50
122	97952056 50	96967238 50	96016693 50	13772468 51	94749454 50
120	97252434 50	96039714 50	94671754 50	15031106 51	93949198 50
116	95823250 50	94329055 50	91955887 50	17547267 51	93071027 50
112	94348494 50	92834837 50	89205174 50	20058575 51	92815131 50
108	92820743 50	91588120 50	86419461 50	22560680 51	92948465 50
104	91231766 50	90622508 50	83598631 50	25048938 51	93339356 50
100	89572508 50	89973573 50	80742679 50	27518385 51	93907169 50
96	87833085 50	89678115 50	77851688 50	29963797 51	94599224 50
88	84070553 50	90294203 50	71965363 50	34760122 51	96220534 50
80	79851775 50	92741747 50	65942202 50	39390710 51	98012607 50
72	75078630 50	97215484 50	59786446 50	43805017 51	99860178 50
64	69655060 50	10377130 51	53504117 50	47950118 51	10168354 51
56	63497039 50	11226911 51	47103099 50	51772007 51	10342186 51
48	56543910 50	12233315 51	40593113 50	55217155 51	10502582 51
40	48769528 50	13333995 51	33985708 50	58234125 51	10645395 51
36	44578097 50	13893924 51	30649546 50	59566992 51	10709095 51
32	40192028 50	14444207 51	27294125 50	60775391 51	10767134 51
28	35621620 50	14971868 51	23921340 50	61854256 51	10819169 51
24	30880538 50	15463683 51	20533165 50	62799060 51	10864901 51
20	25985753 50	15906621 51	17131658 50	63605658 51	10904054 51
16	20957366 50	16288390 51	13718935 50	64270574 51	10936407 51
14	18400140 50	16452826 51	12009047 50	64548948 51	10949970 51
12	15818315 50	16597966 51	10297173 50	64790834 51	10961765 51
10	13215138 50	16722719 51	85835931 49	64995986 51	10971777 51
8	10593976 50	16826134 51	68685891 49	65164140 51	10979985 51
6	79582964 49	16907412 51	51524429 49	65295131 51	10986385 51
4	53116550 49	16965926 51	34354389 49	65388798 51	10990961 51
2	26576689 49	17001222 51	17178627 49	65445047 51	10993710 51
128 x 10^{-11}	17013014 40	17013014 51	10994626 40	65463807 51	10994628 51

Φ 60	y_R 62500000 49	A_o 45060417 50	y 60577385 49	A_{xR} 52391473 50	*Table 73*
t_R x 128	n_o	G_o	n_x	G_R	G_R / G_{RL}
128	10000000 51	10000000 51	10000000 51	10000000 51	10000000 51
126	98517618 50	99844586 50	98450204 50	10007386 51	99973916 50
125	97776875 50	99766059 50	97675368 50	10011012 51	99960819 50
124	97036433 50	99686942 50	96900570 50	10014595 51	99947694 50
122	95556481 50	99526871 50	95351096 50	10021627 51	99921322 50
120	94077834 50	99364134 50	93801784 50	10028478 51	99894761 50
116	91124652 50	99029819 50	90703698 50	10041637 51	99841086 50
112	88177416 50	98681924 50	87606355 50	10054055 51	99786493 50
108	85236713 50	98318087 50	84509807 50	10065720 51	99730860 50
104	82303187 50	97935599 50	81414108 50	10076616 51	99674012 50
100	79377594 50	97531281 50	78319328 50	10086732 51	99615846 50
96	76460783 50	97101475 50	75225519 50	10096057 51	99556249 50
88	70657476 50	96147693 50	69041050 50	10112315 51	99432548 50
80	64902725 50	95031247 50	62861161 50	10125451 51	99303455 50
72	59208930 50	93694642 50	56686147 50	10135811 51	99172322 50
64	53592315 50	92063592 50	50515876 50	10144379 51	99048655 50
56	48073738 50	90052340 50	44349168 50	10153522 51	98955403 50
48	42678330 50	87600080 50	38182577 50	10168478 51	98943279 50
40	37429725 50	84826774 50	32007901 50	10200155 51	99117893 50
36	34861933 50	83535444 50	28912597 50	10228238 51	99333043 50
32	32322995 50	82660920 50	25807630 50	10269220 51	99679226 50
28	29790099 50	82853545 50	22688270 50	10327487 51	10019887 51
24	27210021 50	85482115 50	19548489 50	10407321 51	10093335 51
20	24466417 50	93364035 50	16381222 50	10511259 51	10190713 51
16	21320071 50	11162754 51	13179300 50	10637270 51	10310050 51
14	19471800 50	12647538 51	11563518 50	10705807 51	10375291 51
12	17359116 50	14495812 51	99373390 49	10775307 51	10441610 51
10	14941041 50	16473740 51	83008249 49	10842925 51	10506252 51
8	12228705 50	18175086 51	66545085 49	10905314 51	10565978 51
6	92940698 49	19282878 51	49994474 49	10958877 51	10617308 51
4	62340709 49	19804517 51	33372320 49	11000148 51	10656886 51
2	31236420 49	19971205 51	16699358 49	11026213 51	10681894 51
128×10^{-11}	20000000 40	20000001 51	10690449 40	11035131 51	10690452 51

Φ 60	y_R 93750000 49	A_o 42905551 50	y 89458405 49	A_{xR} 53666111 50	*Table 74*
t_R x 128	n_o	G_o	n_x	G_R	G_R / G_{RL}
128	10000000 51	10000000 51	10000000 51	10000000 51	10000000 51
126	98554178 50	99776914 50	98456212 50	10011332 51	99961069 50
125	97831875 50	99664294 50	97684387 50	10016904 51	99941603 50
124	97109999 50	99550899 50	96912613 50	10022413 51	99922135 50
122	95667549 50	99321707 50	95369222 50	10033245 51	99883235 50
120	94226897 50	99089044 50	93826038 50	10043822 51	99844286 50
116	91351296 50	98612192 50	90740302 50	10064223 51	99766391 50
112	88483868 50	98117824 50	87655454 50	10083610 51	99688348 50
108	85625353 50	97603080 50	84571538 50	10101983 51	99610157 50
104	82776606 50	97064721 50	81488582 50	10119349 51	99531865 50
100	79938547 50	96499098 50	78406620 50	10135721 51	99453569 50
96	77112240 50	95902061 50	75325674 50	10151122 51	99375482 50
88	71499670 50	94594735 50	69166880 50	10179183 51	99221487 50
80	65950013 50	93099328 50	63012038 50	10204136 51	99075553 50
72	60476940 50	91365737 50	56860404 50	10227214 51	98949352 50
64	55096795 50	89346313 50	50710131 50	10250828 51	98865788 50
56	49827321 50	87028784 50	44557315 50	10279469 51	98867562 50
48	44682495 50	84540154 50	38394413 50	10321119 51	99030546 50
40	39654975 50	82475323 50	32207743 50	10388907 51	99479492 50
36	37164932 50	82144501 50	29098767 50	10438260 51	99864911 50
32	34659123 50	82975572 50	25974387 50	10501290 51	10038961 51
28	32084861 50	86051360 50	22830028 50	10580064 51	10107314 51
24	29343255 50	93309299 50	19660718 50	10675300 51	10192222 51
20	26257081 50	10784495 51	16461669 50	10785142 51	10291908 51
16	22545778 50	13274231 51	13229215 50	10903841 51	10400893 51
14	20354879 50	14860248 51	11599940 50	10963426 51	10455936 51
12	17908284 50	16481832 51	99621081 49	11020942 51	10509227 51
10	15219207 50	17904999 51	83161567 49	11074453 51	10558925 51
8	12335229 50	18945302 51	66628161 49	11121924 51	10603095 51
6	93216248 49	19566407 51	50031139 49	11161362 51	10639842 51
4	62378366 49	19864248 51	33383546 49	11190985 51	10667470 51
2	31237609 49	19975008 51	16700791 49	11209371 51	10684631 51
128×10^{-11}	20000000 40	20000001 51	10690449 40	11215605 51	10690451 51

Table 75

Φ: 60	$y_R =$ 12500000 50	$A_o =$ 40930065 50	$y =$ 11743140 50	$A_{xR} =$ 54994268 50	
$t_R \times 128$	n_o	G_o	n_x	G_R	G_R / G_{RL}
128	10000000 51	10000000 51	10000000 51	10000000 51	10000000 51
126	98588651 50	99714948 50	98461993 50	10015449 51	99948317 50
125	97883740 50	99571159 50	97693071 50	10023055 51	99922589 50
124	97179352 50	99426482 50	96924200 50	10030582 51	99896942 50
122	95772173 50	99134315 50	95386625 50	10045401 51	99845869 50
120	94367222 50	98838129 50	93849261 50	10059905 51	99795081 50
116	91564319 50	98232490 50	90775217 50	10087973 51	99694433 50
112	88771410 50	97606804 50	87702072 50	10114807 51	99595133 50
108	85989364 50	96958033 50	84629845 50	10140426 51	99497314 50
104	83219126 50	96282788 50	81558532 50	10164866 51	99401277 50
100	80461727 50	95577410 50	78488110 50	10188175 51	99307443 50
96	77718323 50	94837858 50	75418551 50	10210424 51	99216436 50
88	72278628 50	93238840 50	69281740 50	10252144 51	99046569 50
80	66911431 50	91449938 50	63147091 50	10291234 51	98902763 50
72	61629795 50	89440563 50	57012621 50	10329813 51	98804662 50
64	56447250 50	87208270 50	50874660 50	10371481 51	98785775 50
56	51374155 50	84841174 50	44726825 50	10422105 51	98900753 50
48	46407214 50	82688408 50	38558496 50	10490677 51	99233332 50
40	41500169 50	81840496 50	32353003 50	10589505 51	99898041 50
36	39024889 50	82752440 50	29229114 50	10654501 51	10039428 51
32	36481100 50	85521332 50	26086418 50	10731656 51	10101616 51
28	33790291 50	91487843 50	22921094 50	10821258 51	10176623 51
24	30821417 50	10269310 51	19729475 50	10922027 51	10263237 51
20	27373058 50	12146120 51	16508616 50	11030430 51	10358145 51
16	23197545 50	14783880 51	13256999 50	11140206 51	10455490 51
14	20780337 50	16203717 51	11619768 50	11192908 51	10502551 51
12	18147123 50	17497440 51	99753165 49	11242446 51	10546944 51
10	15329562 50	18530201 51	83241821 49	11287449 51	10587388 51
8	12374733 50	19244206 51	66670961 49	11326556 51	10622613 51
6	93314592 49	19669182 51	50049783 49	11358501 51	10651437 51
4	62391597 49	19885302 51	33389202 49	11382181 51	10672831 51
2	31238027 49	19976340 51	16701507 49	11396749 51	10686002 51
128×10^{-11}	20000000 40	20000001 51	10690448 40	11401668 51	10690452 51

Table 76

Φ: 60	$y_R =$ 18750000 50	$A_o =$ 37443145 50	$y =$ 17074405 50	$A_{xR} =$ 57813964 50	
$t_R \times 128$	n_o	G_o	n_x	G_R	G_R / G_{RL}
128	10000000 51	10000000 51	10000000 51	10000000 51	10000000 51
126	98652045 50	99605749 50	98472932 50	10024204 51	99923076 50
125	97979053 50	99407180 50	97709470 50	10036145 51	99885078 50
124	97306733 50	99207621 50	96946048 50	10047982 51	99847406 50
122	95964190 50	98805289 50	95419347 50	10071339 51	99772990 50
120	94624491 50	98398469 50	93892826 50	10094280 51	99699881 50
116	91954061 50	97570096 50	90840311 50	10138947 51	99557776 50
112	89296323 50	96719830 50	87788435 50	10182043 51	99421499 50
108	86652214 50	95844903 50	84737111 50	10223654 51	99291697 50
104	84022713 50	94942501 50	81686231 50	10263885 51	99169217 50
100	81408906 50	94009783 50	78635642 50	10302868 51	99055142 50
96	78811913 50	93044059 50	75585178 50	10340767 51	98950854 50
88	73673023 50	91005187 50	69483517 50	10414198 51	98779245 50
80	68615423 50	88819141 50	63378405 50	10486485 51	98674477 50
72	63647207 50	86513760 50	57265416 50	10561068 51	98666889 50
64	58771345 50	84201876 50	51137845 50	10642866 51	98800051 50
56	53976939 50	82199184 50	44985869 50	10738492 51	99132634 50
48	49218578 50	81306830 50	38795787 50	10855886 51	99735023 50
40	44367291 50	83500845 50	32549781 50	11002598 51	10067375 51
36	41817488 50	87054748 50	29399389 50	11088231 51	10128027 51
32	39094570 50	93489307 50	26227267 50	11181593 51	10197384 51
28	36087513 50	10414098 51	23031132 50	11281177 51	10274073 51
24	32643519 50	12027706 51	19809304 50	11384255 51	10355623 51
20	28588783 50	14176264 51	16561049 50	11486761 51	10438366 51
16	23805229 50	16505479 51	13286932 50	11583391 51	10517528 51
14	21146631 50	17538823 51	11640784 50	11627587 51	10554044 51
12	18338730 50	18389561 51	99891115 49	11667973 51	10587562 51
10	15413421 50	19029149 51	83324547 49	11703753 51	10617365 51
8	12403720 50	19468315 51	66714590 49	11734186 51	10642789 51
6	93385453 49	19743762 51	50068625 49	11758612 51	10663242 51
4	62401066 49	19900390 51	33394879 49	11776478 51	10678227 51
2	31238323 49	19977290 51	16702224 49	11787372 51	10687374 51
128×10^{-11}	20000000 40	20000001 51	10690448 40	11791034 51	10690450 51

Φ: 60	y_R = 25000000 50	A_o = 34474219 50	y = 22069555 50	A_{xR} = 60856196 50	Table 77
t_R x 128	n_o	G_o	n_x	G_R	G_R / G_{RL}
128	10000000 51	10000000 51	10000000 51	10000000 51	10000000 51
126	98708941 50	99512973 50	98483069 50	10033666 51	99898068 50
125	98064561 50	99268020 50	97724638 50	10050306 51	99848096 50
124	97420958 50	99022071 50	96966241 50	10066818 51	99798773 50
122	96136153 50	98527049 50	95449493 50	10099468 51	99702171 50
120	94854638 50	98027610 50	93932826 50	10131626 51	99608316 50
116	92301825 50	97014540 50	90899633 50	10194525 51	99429185 50
112	89763389 50	95980767 50	87866510 50	10255632 51	99262106 50
108	87240198 50	94924387 50	84833250 50	10315099 51	99108141 50
104	84733163 50	93843728 50	81799618 50	10373098 51	98968507 50
100	82243195 50	92737593 50	78765335 50	10429840 51	98844797 50
96	79771215 50	91605478 50	75730032 50	10485580 51	98739017 50
88	74884521 50	89267807 50	69654608 50	10595294 51	98591075 50
80	70078300 50	86862312 50	63568836 50	10705290 51	98549452 50
72	65352954 50	84485789 50	57466370 50	10819626 51	98647624 50
64	60697695 50	82375451 50	51338572 50	10943380 51	98927832 50
56	56076983 50	81072145 50	45174067 50	11082305 51	99437898 50
48	51401520 50	81779967 50	38958750 50	11241746 51	10022190 51
40	46465913 50	87127802 50	32676607 50	11424391 51	10130073 51
36	43775581 50	93056163 50	29505480 50	11523662 51	10194348 51
32	40824830 50	10234558 51	26312032 50	11626676 51	10264134 51
28	37494345 50	11587321 51	23095095 50	11731331 51	10337595 51
24	33648356 50	13374775 51	19854156 50	11834715 51	10412203 51
20	29176397 50	15420343 51	16589577 50	11933157 51	10484781 51
16	24060398 50	17336027 51	13302754 50	12022417 51	10551669 51
14	21291238 50	18117534 51	11651751 50	12062200 51	10581769 51
12	18410736 50	18744127 51	99962275 49	12098013 51	10609004 51
10	15443862 50	19215589 51	83366792 49	12129333 51	10632924 51
8	12414024 50	19548967 51	66736679 49	12155677 51	10653112 51
6	93410386 49	19770102 51	50078100 49	12176632 51	10669214 51
4	62404378 49	19905678 51	33397717 49	12191858 51	10680938 51
2	31238428 49	19977625 51	16702580 49	12201097 51	10688061 51
128 x 10^{-11}	20000000 40	20000001 51	10690448 40	12204195 51	10690451 51

Φ: 60	y_R = 37500000 50	A_o = 29726550 50	y = 31122235 50	A_{xR} = 67630996 50	Table 78
t_R x 128	n_o	G_o	n_x	G_R	G_R / G_{RL}
128	10000000 51	10000000 51	10000000 51	10000000 51	10000000 51
126	98806847 50	99365032 50	98501189 50	10054772 51	99848283 50
125	98211592 50	99046462 50	97751709 50	10081916 51	99774906 50
124	97617218 50	98727142 50	97002173 50	10108902 51	99703186 50
122	96431192 50	98086212 50	95502909 50	10162418 51	99564792 50
120	95248856 50	97442125 50	94003352 50	10215340 51	99433109 50
116	92895537 50	96144301 50	91003229 50	10319504 51	99190234 50
112	90557871 50	94833514 50	88001438 50	10421620 51	98975365 50
108	88236422 50	93510282 50	84997558 50	10521938 51	98789618 50
104	85931674 50	92176174 50	81991118 50	10620742 51	98634390 50
100	83643969 50	90834142 50	78981574 50	10718349 51	98511448 50
96	81373500 50	89489097 50	75968300 50	10815110 51	98422830 50
88	76883593 50	86824161 50	69927645 50	11007678 51	98358408 50
80	72456056 50	84296344 50	63862396 50	11201904 51	98463362 50
72	68073058 50	82141803 50	57764210 50	11401541 51	98762526 50
64	63693935 50	80830687 50	51623157 50	11610186 51	99279640 50
56	59234298 50	81287157 50	45428016 50	11830397 51	10003037 51
48	54526478 50	85293198 50	39167120 50	12062378 51	10101198 51
40	49250353 50	96033753 50	32829811 50	12302266 51	10219010 51
36	46235683 50	10528921 51	29630003 50	12422438 51	10283026 51
32	42851253 50	11770502 51	26408743 50	12540484 51	10348612 51
28	39002213 50	13306501 51	23166092 50	12654192 51	10414005 51
24	34617677 50	15012504 51	19902667 50	12761002 51	10477176 51
20	29683783 50	16666063 51	16619714 50	12858124 51	10535922 51
16	24260739 50	18038946 51	13319128 50	12942676 51	10587978 51
14	21400838 50	18577410 51	11662998 50	12979362 51	10610807 51
12	18463923 50	19013174 51	10003467 50	13011884 51	10631163 51
10	15465970 50	19352830 51	83409482 49	13039951 51	10648815 51
8	12421435 50	19607307 51	66758877 49	13063298 51	10663558 51
6	93428227 49	19788993 51	50087572 49	13081699 51	10675214 51
4	62406753 49	19909461 51	33400551 49	13094973 51	10683642 51
2	31238503 49	19977864 51	16702936 49	13102994 51	10688744 51
128 x 10^{-11}	20000000 40	20000001 51	10690448 40	13105676 51	10690450 51

Φ 60	y_R 50000000 50	A_o 26142013 50	y 39038820 50	A_{xR} 75363828 50	Table 79
$t_R \times 128$	n_o	G_o	n_x	G_R	G_R / G_{RL}
128	10000000 51	10000000 51	10000000 51	10000000 51	10000000 51
126	98888019 50	99253755 50	98516780 50	10078890 51	99798114 50
125	98333369 50	98880135 50	97774930 50	10118062 51	99701724 50
124	97779638 50	98506180 50	97032918 50	10157056 51	99608336 50
122	96674925 50	97757327 50	95548358 50	10234530 51	99430534 50
120	95573916 50	97007333 50	94063039 50	10311342 51	99264585 50
116	93383163 50	95504636 50	91089904 50	10463116 51	98967994 50
112	91207603 50	94000178 50	88112961 50	10612667 51	98718305 50
108	89047342 50	92497337 50	85131643 50	10760298 51	98515569 50
104	86902294 50	91001197 50	82145278 50	10906337 51	98360206 50
100	84772086 50	89519186 50	79153161 50	11051130 51	98252957 50
96	82656038 50	88061743 50	76154510 50	11195036 51	98194757 50
88	78461130 50	85284391 50	70134081 50	11481657 51	98230170 50
80	74299550 50	82863826 50	64076336 50	11769061 51	98476117 50
72	70134936 50	81161161 50	57972638 50	12059662 51	98940300 50
64	65898295 50	80838685 50	51813690 50	12354806 51	99623834 50
56	61462791 50	83092083 50	45590170 50	12653911 51	10051506 51
48	56601664 50	89971894 50	39293732 50	12953478 51	10158262 51
40	50933000 50	10443544 51	32918355 50	13246190 51	10276927 51
36	47628132 50	11533122 51	29700226 50	13386516 51	10338146 51
32	43910235 50	12858690 51	26462004 50	13520453 51	10398893 51
28	39720688 50	14342783 51	23204326 50	13645967 51	10457703 51
24	35036738 50	15846373 51	19928256 50	13760877 51	10513015 51
20	29864564 50	17209146 51	16635317 50	13862961 51	10563247 51
16	24334971 50	18311560 51	13327472 50	13950044 51	10606857 51
14	21440557 50	18748795 51	11668690 50	13987330 51	10625734 51
12	18482903 50	19110686 51	10007109 50	14020135 51	10642439 51
10	15473783 50	19401694 51	83430845 49	14048263 51	10656834 51
8	12424039 50	19627868 51	66769933 49	14071530 51	10668790 51
6	93434480 49	19795617 51	50092285 49	14089785 51	10678201 51
4	62407581 49	19910783 51	33401954 49	14102914 51	10684986 51
2	31238530 49	19977946 51	16703114 49	14110826 51	10689080 51
128×10^{-11}	20000000 40	20000001 51	10690449 40	14113470 51	10690451 51

Φ 60	y_R 75000000 50	A_o 21204917 50	y 51975035 50	A_{xR} 93876650 50	Table 80
$t_R \times 128$	n_o	G_o	n_x	G_R	G_R / G_{RL}
128	10000000 51	10000000 51	10000000 51	10000000 51	10000000 51
126	99014560 50	99101269 50	98541715 50	10136677 51	99694093 50
125	98523047 50	98652808 50	97811964 50	10204694 51	99551386 50
124	98032346 50	98205014 50	97081801 50	10272501 51	99415286 50
122	97053307 50	97311729 50	95620177 50	10407507 51	99162415 50
120	96077419 50	96421948 50	94156759 50	10541731 51	98934443 50
116	94134843 50	94655653 50	91224185 50	10807970 51	98549473 50
112	92203991 50	92912740 50	88283364 50	11071497 51	98253812 50
108	90283916 50	91202110 50	85333535 50	11332576 51	98041951 50
104	88373301 50	89535562 50	82373910 50	11591458 51	97909262 50
100	86470313 50	87928715 50	79403660 50	11848363 51	97851730 50
96	84572475 50	86402056 50	76421916 50	12103482 51	97865837 50
88	80778046 50	83704758 50	70420437 50	12608866 51	98096065 50
80	76949219 50	81771745 50	64362324 50	13107946 51	98574647 50
72	73016933 50	81156090 50	58240586 50	13599653 51	99274076 50
64	68866170 50	82771294 50	52048894 50	14081022 51	10016064 51
56	64309901 50	88043449 50	45782230 50	14546759 51	10119129 51
48	59059324 50	98880156 50	39437660 50	14988949 51	10231158 51
40	52719906 50	11684355 51	33015120 50	15397071 51	10345540 51
36	49009674 50	12834928 51	29775560 50	15584459 51	10401280 51
32	44885850 50	14090054 51	26518151 50	15758468 51	10454731 51
28	40335033 50	15367589 51	23243983 50	15917331 51	10504884 51
24	35371819 50	16577019 51	19954412 50	16059316 51	10550754 51
20	30036944 50	17642124 51	16651064 50	16182748 51	10591399 51
16	24389426 50	18515896 51	13335799 50	16286092 51	10625961 51
14	21469384 50	18874799 51	11674345 50	16329800 51	10640720 51
12	18496578 50	19181443 51	10010713 50	16367991 51	10653683 51
10	15479387 50	19436867 51	83451912 49	16400541 51	10664782 51
8	12425903 50	19642605 51	66780809 49	16427333 51	10673951 51
6	93438952 49	19800356 51	50096897 49	16448268 51	10681136 51
4	62408175 49	19911729 51	33403328 49	16463281 51	10686301 51
2	31238548 49	19978006 51	16703285 49	16472311 51	10689413 51
128×10^{-11}	20000000 40	20000001 51	10690448 40	16475324 51	10690451 51

Φ: 60	y_R = 10000000 51	A_o = 18075800 50	y = 61803400 50	A_{xR} = 11671523 51	Table 81
t_R x 128	n_o	G_o	n_x	G_R	G_R / G_{RL}
128	10000000 51	10000000 51	10000000 51	10000000 51	10000000 51
126	99108401 50	99005289 50	98560241 50	10207976 51	99581820 50
125	98663545 50	98510256 50	97839395 50	10311587 51	99390869 50
124	98219286 50	98016899 50	97117873 50	10414950 51	99211401 50
122	97332515 50	97035694 50	95672815 50	10620944 51	98885238 50
120	96447994 50	96062583 50	94224965 50	10825981 51	98600249 50
116	94685018 50	94145254 50	91320548 50	11233253 51	98142996 50
112	92928903 50	92275513 50	88403880 50	11636888 51	97820754 50
108	91177718 50	90467071 50	85474210 50	12036962 51	97618117 50
104	89428991 50	88737458 50	82530787 50	12433499 51	97522274 50
100	87679523 50	87109145 50	79572835 50	12826454 51	97522354 50
96	85925280 50	85610783 50	76599619 50	13215715 51	97608957 50
88	82380416 50	83159757 50	70604459 50	13982272 51	98009091 50
80	78734613 50	81809993 50	64539828 50	14730393 51	98663398 50
72	74893461 50	82233430 50	58401080 50	15455515 51	99517881 50
64	70710680 50	85442065 50	52184807 50	16151053 51	10051921 51
56	65968293 50	92796953 50	45889347 50	16808296 51	10161190 51
48	60367864 50	10566569 51	39515242 50	17416548 51	10273740 51
40	53566369 50	12436943 51	33065649 50	17963490 51	10383451 51
36	49623005 50	13536179 51	29814325 50	18209842 51	10435305 51
32	45292123 50	14680784 51	26546655 50	18435868 51	10484138 51
28	40576489 50	15810371 51	23263867 50	18639921 51	10529219 51
24	35497485 50	16866959 51	19967384 50	18820432 51	10569862 51
20	30092214 50	17803814 51	16658797 50	18975927 51	10605428 51
16	24408778 50	18589421 51	13339858 50	19105094 51	10635353 51
14	21479566 50	18919630 51	11677092 50	19159445 51	10648047 51
12	18501388 50	19206433 51	10012457 50	19206803 51	10659156 51
10	15481352 50	19449232 51	83462086 49	19247059 51	10668633 51
8	12426556 50	19647770 51	66786053 49	19280130 51	10676445 51
6	93440517 49	19802017 51	50099123 49	19305928 51	10682552 51
4	62408378 49	19912060 51	33403991 49	19324399 51	10686933 51
2	31238555 49	19978027 51	16703368 49	19335504 51	10689571 51
128 x 10^{-11}	20000000 40	20000001 51	10690449 40	19339205 51	10690450 51

Φ: 60	y_R = 15000000 51	A_o = 14565860 50	y = 75000000 50	A_{xR} = 17639521 51	Table 82
t_R x 128	n_o	G_o	n_x	G_R	G_R / G_{RL}
128	10000000 51	10000000 51	10000000 51	10000000 51	10000000 51
126	99237452 50	98898769 50	98584533 50	10394241 51	99323016 50
125	98856455 50	98352962 50	97875235 50	10590796 51	99026731 50
124	98475608 50	97810594 50	97164878 50	10786967 51	98755966 50
122	97714232 50	96736886 50	95740958 50	11178143 51	98284155 50
120	96953044 50	95679261 50	94312688 50	11567725 51	97895452 50
116	95429956 50	93619638 50	91442840 50	12341889 51	97328413 50
112	93903451 50	91648670 50	88554762 50	13108995 51	96991408 50
108	92369970 50	89787470 50	85647925 50	13868473 51	96838168 50
104	90825126 50	88062265 50	82721808 50	14619657 51	96833946 50
100	89263563 50	86505482 50	79775952 50	15361762 51	96951894 50
96	87678735 50	85157134 50	76809954 50	16093895 51	97170687 50
88	84405592 50	83292943 50	70816117 50	17524083 51	97844385 50
80	80919063 50	83001162 50	64738221 50	18900702 51	98746525 50
72	77093736 50	85026310 50	58575451 50	20212356 51	99794849 50
64	72754920 50	90303529 50	52328470 50	21445925 51	10092200 51
56	67676153 50	99760189 50	45999644 50	22586842 51	10206940 51
48	61599068 50	11383445 51	39593200 50	23619562 51	10318443 51
40	54288244 50	13185040 51	33115319 50	24528181 51	10421932 51
36	50122375 50	14174787 51	29852061 50	24931061 51	10469308 51
32	45609685 50	15179195 51	26574147 50	25297172 51	10513110 51
28	40759079 50	16161650 51	23282890 50	25624761 51	10552888 51
24	35590219 50	17086804 51	19979703 50	25912223 51	10588234 51
20	30132344 50	17922805 51	16666097 50	26158087 51	10618784 51
16	24422696 50	18642601 51	13343667 50	26361084 51	10644223 51
14	21486868 50	18951891 51	11679665 50	26446160 51	10654943 51
12	18504832 50	19224356 51	10014090 50	26520128 51	10664289 51
10	15482759 50	19458081 51	83471584 49	26582893 51	10672240 51
8	12427022 50	19651464 51	66790940 49	26634357 51	10678771 51
6	93441638 49	19803200 51	50101191 49	26674467 51	10683872 51
4	62408528 49	19912298 51	33404606 49	26703150 51	10687522 51
2	31238559 49	19978042 51	16703446 49	26720380 51	10689718 51
128 x 10^{-11}	20000000 40	20000001 51	10690449 40	26726126 51	10690450 51

Φ: 60	y_R = 20000000 51	A_o = 12835966 50	y = 82842710 50	A_{xR} = 25593955 51	*Table 83*
t_R x 128	n_o	G_o	n_x	G_R	G_R / G_{RL}
128	10000000 51	10000000 51	10000000 51	10000000 51	10000000 51
126	99321085 50	98847267 50	98598661 50	10642421 51	99012630 50
125	98981279 50	98277689 50	97896027 50	10962750 51	98600059 50
124	98641186 50	97712956 50	97192064 50	11282470 51	98233952 50
122	97959948 50	96598940 50	95780130 50	11920017 51	97622814 50
120	97276959 50	95507338 50	94362833 50	12554915 51	97148226 50
116	95903970 50	93400770 50	91511922 50	13816149 51	96518808 50
112	94518235 50	91414740 50	88638996 50	15064864 51	96210007 50
108	93114934 50	89575487 50	85743754 50	16299614 51	96134505 50
104	91688293 50	87914837 50	82825942 50	17518833 51	96233239 50
100	90231406 50	86471243 50	79885378 50	18720806 51	96464467 50
96	88736025 50	85290847 50	76921925 50	19903703 51	96797607 50
88	85588704 50	83948556 50	70926178 50	22204280 51	97681927 50
80	82144600 50	84442815 50	64839032 50	24403419 51	98752833 50
72	78265839 50	87470331 50	58662102 50	26482281 51	99920259 50
64	73775405 50	93777011 50	52398361 50	28420688 51	10111748 51
56	68465171 50	10392743 51	46052246 50	30197637 51	10229142 51
48	62121998 50	11795975 51	39629716 50	31791944 51	10339803 51
40	54571597 50	13509594 51	33138217 50	33182922 51	10439967 51
36	50312003 50	14434982 51	29869330 50	33796037 51	10485096 51
32	45727038 50	15372131 51	26586650 50	34351203 51	10526442 51
28	40825164 50	16292439 51	23291490 50	34846333 51	10563690 51
24	35623290 50	17166448 51	19985242 50	35279534 51	10596558 51
20	30146519 50	17965165 51	16669364 50	35649089 51	10624796 51
16	24427586 50	18661343 51	13345366 50	35953536 51	10648194 51
14	21489429 50	18963226 51	11680810 50	36080955 51	10658024 51
12	18506038 50	19230639 51	10014814 50	36191641 51	10666577 51
10	15483251 50	19461181 51	83475796 49	36285496 51	10673842 51
8	12427186 50	19652757 51	66793103 49	36362426 51	10679807 51
6	93442027 49	19803618 51	50102109 49	36422336 51	10684456 51
4	62408581 49	19912380 51	33404874 49	36465175 51	10687783 51
2	31238561 49	19978047 51	16703479 49	36490899 51	10689782 51
128 x 10^{-11}	20000000 40	20000001 51	10690448 40	36499478 51	10690449 51

Φ: 60	y_R = 30000000 51	A_o = 11456143 50	y = 90832695 50	A_{xR} = 47773903 51	*Table 84*
t_R x 128	n_o	G_o	n_x	G_R	G_R / G_{RL}
128	10000000 51	10000000 51	10000000 51	10000000 51	10000000 51
126	99420861 50	98807879 50	98612843 50	11334266 51	98250559 50
125	99129893 50	98221508 50	97916830 50	11999512 51	97596277 50
124	98837891 50	97642018 50	97219200 50	12663429 51	97052867 50
122	98250575 50	96504880 50	95819088 50	13987083 51	96225926 50
120	97658334 50	95399183 50	94412472 50	15304808 51	95659923 50
116	96456655 50	93294025 50	91579745 50	17920707 51	95051759 50
112	95227353 50	91353302 50	88720991 50	20507537 51	94892570 50
108	93964025 50	89608527 50	85836261 50	23061505 51	95011830 50
104	92659214 50	88096572 50	82925641 50	25578661 51	95313253 50
100	91304258 50	86860125 50	79989283 50	28054889 51	95738002 50
96	89869165 50	85948028 50	77027403 50	30485940 51	96247690 50
88	86831058 50	85322564 50	71028235 50	35194785 51	97423737 50
80	83373619 50	86721827 50	64931124 50	39668737 51	98704396 50
72	79379168 50	90686743 50	58740147 50	43870088 51	10000852 51
64	74687530 50	97696998 50	52460485 50	47760619 51	10128169 51
56	69127413 50	10802245 51	46098443 50	51302432 51	10248382 51
48	62536106 50	12155679 51	39661437 50	54458884 51	10358355 51
40	54785772 50	13767698 51	33157919 50	57195562 51	10455542 51
36	50452841 50	14634986 51	29884134 50	58396574 51	10498674 51
32	45813015 50	15516618 51	26597324 50	59481270 51	10537864 51
28	40873098 50	16388549 51	23298810 50	60446348 51	10572907 51
24	35647116 50	17224231 51	19989945 50	61288938 51	10603634 51
20	30156688 50	17995653 51	16672132 50	62006410 51	10629892 51
16	24431085 50	18674773 51	13346803 50	62596556 51	10651552 51
14	21491260 50	18971341 51	11681778 50	62843273 51	10660623 51
12	18506901 50	19235134 51	10015427 50	63057497 51	10668507 51
10	15483602 50	19463398 51	83479362 49	63239055 51	10675194 51
8	12427302 50	19653681 51	66794935 49	63387800 51	10680677 51
6	93442303 49	19803912 51	50102882 49	63503609 51	10684948 51
4	62408619 49	19912439 51	33405105 49	63586395 51	10688002 51
2	31238563 49	19978051 51	16703508 49	63636107 51	10689837 51
128 x 10^{-11}	20000000 40	20000001 51	10690449 40	63652680 51	10690450 51

Φ: 67.1	y_R = 62500000 49	A_o = 44742320 50	y = 60577385 49	A_{xR} = 52733089 50	*Table 85*
$t_R \times 128$	n_o	G_o	n_x	G_R	G_R / G_{RL}
128	10000000 51	10000000 51	10000000 51	10000000 51	10000000 51
126	98522767 50	99834543 50	98444988 50	10008456 51	99984605 50
125	97784629 50	99750907 50	97667512 50	10012624 51	99976914 50
124	97046827 50	99666621 50	96890064 50	10016746 51	99969161 50
122	95572208 50	99496033 50	95335242 50	10024865 51	99953607 50
120	94098994 50	99322522 50	93780510 50	10032815 51	99937962 50
116	91157041 50	98965692 50	90671365 50	10048199 51	99906330 50
112	88221516 50	98593855 50	87562656 50	10062890 59	99874181 50
108	85293059 50	98204358 50	84454411 50	10076881 51	99841443 50
104	82372428 50	97794093 50	81346657 50	10090163 51	99808014 50
100	79460414 50	97359495 50	78239449 50	10102728 51	99773821 50
96	76557990 50	96896314 50	75132801 50	10114571 51	99738814 50
88	70786375 50	95863532 50	68921343 50	10136087 51	99666294 50
80	65068363 50	94644546 50	62712547 50	10154752 51	99590819 50
72	59418332 50	93167876 50	56506568 50	10170781 51	99514481 50
64	53855720 50	91334068 50	50303302 50	10184771 51	99443038 50
56	48406846 50	89008852 50	44102018 50	10198134 51	99390188 50
48	43106809 50	86029690 50	37900644 50	10213970 51	99385934 50
40	37999209 50	82280865 50	31694306 50	10238674 51	99492194 50
36	35531168 50	80171379 50	28586368 50	10257830 51	99620430 50
32	33123615 50	78079385 50	25472706 50	10284255 51	99825165 50
28	30769933 50	76400755 50	22350562 50	10320461 51	10013070 51
23	28443407 50	76089646 50	19216448 50	10368870 51	10056044 51
20	26069153 50	79461574 50	16066289 50	10430866 51	10112772 51
16	23454310 50	92248759 50	12895985 50	10505181 51	10182024 51
14	21926015 50	10591411 51	11302243 50	10545350 51	10219787 51
12	20121831 50	12759457 51	97024868 49	10585948 51	10258115 51
10	17900027 50	15905044 51	80967632 49	10625340 51	10295423 51
8	15121947 50	19729101 51	64853850 49	10661604 51	10329852 51
6	11760585 50	23118388 51	48689688 49	10692683 51	10359410 51
4	79789447 49	25016879 51	32484338 49	10716601 51	10382188 51
2	40117259 49	25615473 51	16249760 49	10731694 51	10396572 51
128×10^{-11}	25698747 40	25698747 51	10401491 40	10736854 51	10401491 51

Φ: 67.1	y_R = 93750000 49	A_o = 42446157 50	y = 89458405 49	A_{xR} = 54176526 50	*Table 86*
$t_R \times 128$	n_o	G_o	n_x	G_R	G_R / G_{RL}
128	10000000 51	10000000 51	10000000 51	10000000 51	10000000 51
126	98561695 50	99762400 50	98448530 50	10012930 51	99977025 50
125	97843223 50	99642365 50	97672839 50	10019302 51	99965528 50
124	97125209 50	99521476 50	96897176 50	10025614 51	99954049 50
122	95690576 50	99276998 50	95345946 50	10038052 51	99931090 50
120	94257900 50	99028623 50	93794830 50	10050243 51	99908117 50
116	91398774 50	98518836 50	90692977 50	10073887 51	99862190 50
112	88548574 50	97989227 50	87591642 50	10096543 51	99816206 50
108	85708142 50	97436445 50	84490844 50	10118212 51	99770182 50
104	82878437 50	96856670 50	81390606 50	10138898 51	99724145 50
100	80060531 50	96245497 50	78290941 50	10158610 51	99678160 50
96	77255640 50	95597885 50	75191872 50	10177361 51	99632351 50
88	71690520 50	94169354 50	68995504 50	10212093 51	99542277 50
80	66196338 50	92513917 50	62801400 50	10243457 51	99457335 50
72	60790084 50	90557906 50	56609089 50	10272195 51	99384547 50
64	55493460 50	88211142 50	50417441 50	10299744 51	99337566 50
56	50333364 50	85379507 50	44224128 50	10328752 51	99341564 50
48	45340508 50	82020638 50	38024670 50	10363894 51	99440970 50
40	40540588 50	78350184 50	31811020 50	10412788 51	99708166 50
36	38212262 50	76694676 50	28694943 50	10445644 51	99935555 50
32	35918745 50	75607945 50	25569806 50	10486022 51	10024365 51
28	33630183 50	75888151 50	22432966 50	10535072 51	10064332 51
24	31279631 50	79205214 50	19281572 50	10593147 51	10113787 51
20	28722178 50	89099582 50	16112890 50	10659116 51	10171646 51
16	25650663 50	11273471 51	12924850 50	10729619 51	10234707 51
14	23750138 50	13302130 51	11323289 50	10764783 51	10266488 51
12	21476283 50	15998309 51	97167899 49	10798613 51	10297221 51
10	18737462 50	19143247 51	81056102 49	10830001 51	10325853 51
8	15508344 50	22117043 51	64901767 49	10857781 51	10351275 51
6	11874509 50	24221545 51	48710823 49	10880820 51	10372408 51
4	79955088 49	25276023 51	32490808 49	10898102 51	10388288 51
2	40122584 49	25632476 51	16250585 49	10908819 51	10398148 51
128×10^{-11}	25698747 40	25698747 51	10401490 40	10912452 51	10401492 51

Φ: 67.1	y_R = 12500000 50	A_o = 40339464 50	y = 11743140 50	A_{xR} = 55672425 50	Table 87
t_R x 128	n_o	G_o	n_x	G_R	G_R / G_{RL}
128	10000000 51	10000000 51	10000000 51	10000000 51	10000000 51
126	98598445 50	99696257 50	98451954 50	10017567 51	99969453 50
125	97898506 50	99542924 50	97677976 50	10026231 51	99954251 50
124	97199134 50	99388576 50	96904032 50	10034816 51	99939109 50
122	95802158 50	99076634 50	95356236 50	10051746 51	99908935 50
120	94407609 50	98760068 50	93808569 50	10068360 51	99878955 50
116	91626216 50	98111563 50	90713619 50	10100638 51	99819595 50
112	88855865 50	97439733 50	87619198 50	10131659 51	99761066 50
108	86097533 50	96740866 50	84525301 50	10161438 51	99703483 50
104	83352336 50	96010742 50	81431927 50	10189997 51	99647030 50
100	80621508 50	95244620 50	78339071 50	10217364 51	99591958 50
96	77906415 50	94437181 50	75246695 50	10243585 51	99538668 50
88	72529765 50	92673793 50	69063251 50	10292823 51	99439572 50
80	67236863 50	90664942 50	62880973 50	10338436 51	99356392 50
72	62045494 50	88346048 50	56698653 50	10381686 51	99300827 50
64	56976905 50	85653450 50	50514103 50	10424696 51	99292635 50
56	52054599 50	82558496 50	44323524 50	10470905 51	99363842 50
48	47299076 50	79173758 50	38120661 50	10525534 51	99563052 50
40	42710113 50	76084045 50	31895766 50	10595655 51	99956058 50
36	40460082 50	75194245 50	28770874 50	10638924 51	10024751 51
32	38209028 50	75452195 50	25634961 50	10688645 51	10061130 51
28	35903674 50	78012830 50	22485844 50	10744934 51	10104846 51
24	33439483 50	85108793 50	19321430 50	10807008 51	10155156 51
20	30613831 50	10096252 51	16140061 50	10872791 51	10210114 51
16	27051696 50	13230852 51	12940908 50	10938658 51	10266329 51
14	24819373 50	15549580 51	11334741 50	10970070 51	10293457 51
12	22187858 50	18251404 51	97244142 49	10999491 51	10319019 51
10	19123897 50	20968070 51	81102404 49	11026140 51	10342285 51
8	15665256 50	23202430 51	64926448 49	11049243 51	10362535 51
6	11916668 50	24648047 51	48721573 49	11068079 51	10379094 51
4	80013753 49	25368681 51	32494067 49	11082023 51	10391379 51
2	40124452 49	25638438 51	16250997 49	11090593 51	10398939 51
128 x 10^{-11}	25698747 40	25698747 51	10401490 40	11093484 51	10401491 51

Φ: 67.1	y_R = 18750000 50	A_o = 36616325 50	y = 17074405 50	A_{xR} = 58825291 50	Table 88
t_R x 128	n_o	G_o	n_x	G_R	G_R / G_{RL}
128	10000000 51	10000000 51	10000000 51	10000000 51	10000000 51
126	98666062 50	99579516 50	98458439 50	10027351 51	99954445 50
125	98000195 50	99367528 50	97687704 50	10040855 51	99931955 50
124	97335079 50	99154306 50	96916985 50	10054246 51	99909652 50
122	96007166 50	98724000 50	95375638 50	10080691 51	99865636 50
120	94682438 50	98288186 50	93834390 50	10106686 51	99822414 50
116	92043028 50	97398388 50	90752190 50	10157350 51	99738481 50
112	89417913 50	96481355 50	87670341 50	10206277 51	99658129 50
108	86808240 50	95533195 50	84588797 50	10253519 51	99581745 50
104	84215284 50	94549684 50	81507493 50	10299137 51	99509820 50
100	81640414 50	93526251 50	78426327 50	10343212 51	99443023 50
96	79085130 50	92458058 50	75345194 50	10385843 51	99382187 50
88	74039921 50	90167105 50	69182382 50	10467294 51	99282863 50
80	69094075 50	87637227 50	63017351 50	10544860 51	99223767 50
72	64263504 50	84840235 50	56847455 50	10620562 51	99222712 50
64	59563845 50	81789414 50	50668709 50	10697271 51	99305105 50
56	55005536 50	78615800 50	44475352 50	10778804 51	99504775 50
48	50580844 50	75767123 50	38259377 50	10869691 51	99861852 50
40	46229344 50	74558198 50	32010464 50	10974145 51	10041341 51
36	44026768 50	75570383 50	28869963 50	11032128 51	10076783 51
32	41741268 50	78817138 50	25716801 50	11093639 51	10117172 51
28	39277656 50	85978168 50	22549680 50	11157774 51	10161687 51
24	36471761 50	99865338 50	19367670 50	11222941 51	10208884 51
20	33051680 50	12451647 51	16170389 50	11286789 51	10256645 51
16	28626996 50	16274837 51	12958199 50	11346276 51	10302231 51
14	25915763 50	18546931 51	11346874 50	11373292 51	10323228 51
12	22845727 50	20776919 51	97323741 49	11397883 51	10342481 51
10	19446626 50	22686564 51	81150116 49	11419601 51	10359589 51
8	15786076 50	24089012 51	64951600 49	11438025 51	10374174 51
6	11947573 50	24967248 51	48732431 49	11452780 51	10385900 51
4	80055884 49	25435501 51	32497337 49	11463557 51	10394488 51
2	40125784 49	25642700 51	16251410 49	11470122 51	10399730 51
128 x 10^{-11}	25698747 40	25698747 51	10401490 40	11472327 51	10401491 51

Table 89

Φ: 67,1	$y_R =$ 25000000 50	$A_o =$ 33440394 50	$y =$ 22069555 50	$A_{xR} =$ 62198928 50	
$t_R \times 128$	n_o	G_o	n_x	G_R	G_R / G_{RL}
128	10000000 51	10000000 51	10000000 51	10000000 51	10000000 51
126	98726828 50	99480108 50	98464465 50	10037830 51	99939526 50
125	98091543 50	99218284 50	97696720 50	10056526 51	99909891 50
124	97457141 50	98955149 50	96928991 50	10075077 51	99880650 50
122	96191053 50	98424770 50	95393556 50	10111750 51	99823419 50
120	94928709 50	97888557 50	93858157 50	10147853 51	99767851 50
116	92415723 50	96797059 50	90787426 50	10218392 51	99661964 50
112	89919314 50	95677300 50	87716693 50	10286764 51	99563428 50
108	87440648 50	94525769 50	84645840 50	10353059 51	99472863 50
104	84981016 50	93338803 50	81574721 50	10417380 51	99390996 50
100	82541781 50	92112763 50	78503171 50	10479854 51	99318785 50
96	80124368 50	90844077 50	75430971 50	10540630 51	99257403 50
88	75361069 50	88166547 50	69283535 50	10657825 51	99172937 50
80	70703456 50	85291490 50	63129726 50	10770757 51	99152120 50
72	66162971 50	82237582 50	56965790 50	10881784 51	99214348 50
64	61746455 50	79105780 50	50786633 50	10993830 51	99383899 50
56	57447644 50	76193518 50	44585620 50	11110159 51	99687823 50
48	53227114 50	74274021 50	38354580 50	11233730 51	10015043 51
40	48963016 50	75325094 50	32084327 50	11365894 51	10078203 51
36	46725981 50	78348845 50	28931655 50	11434691 51	10115640 51
32	44323848 50	84513827 50	25766014 50	11504366 51	10156157 51
28	41629103 50	95747446 50	22586759 50	11573688 51	10198680 51
24	38441788 50	11476215 51	19393634 50	11640975 51	10241750 51
20	34475913 50	14410694 51	16186881 50	11704119 51	10283542 51
16	29415644 50	18241796 51	12967335 50	11760710 51	10321978 51
14	26416689 50	20212446 51	11353204 50	11785749 51	10339248 51
12	23120289 50	21981294 51	97364795 49	11808203 51	10354864 51
10	19571314 50	23403570 51	81174482 49	11827773 51	10368568 51
8	15830296 50	24425176 51	64964336 49	11844190 51	10380128 51
6	11958553 50	25082002 51	48737893 49	11857220 51	10389344 51
4	80070675 49	25459016 51	32498976 49	11866672 51	10396052 51
2	40126250 49	25644187 51	16251616 49	11872400 51	10400125 51
128×10^{-11}	25698747 40	25698747 51	10401490 40	11874320 51	10401492 51

Table 90

Φ: 67,1	$y_R =$ 37500000 50	$A_o =$ 28345919 50	$y =$ 31122235 50	$A_{xR} =$ 69637258 50	
$t_R \times 128$	n_o	G_o	n_x	G_R	G_R / G_{RL}
128	10000000 51	10000000 51	10000000 51	10000000 51	10000000 51
126	98831585 50	99320988 50	98475288 50	10060954 51	99909673 50
125	98248926 50	98979672 50	97712879 50	10091124 51	99866032 50
124	97667312 50	98637117 50	96950439 50	10121091 51	99823405 50
122	96507299 50	97948092 50	95425426 50	10180423 51	99741193 50
120	95351663 50	97253630 50	93900224 50	10238967 51	99663087 50
116	93054049 50	95847179 50	90849172 50	10353745 51	99519356 50
112	90775484 50	94415539 50	87797053 50	10465555 51	99392621 50
108	88517028 50	92956691 50	84743617 50	10574549 51	99283579 50
104	86279749 50	91469027 50	81688582 50	10680893 51	99193010 50
100	84064711 50	89951565 50	78631620 50	10784770 51	99121918 50
96	81872933 50	88404318 50	75572368 50	10886385 51	99071468 50
88	77562863 50	85228221 50	69445225 50	11083752 51	99038163 50
80	73354913 50	81983339 50	63303165 50	11274972 51	99105621 50
72	69248526 50	78786954 50	57141298 50	11462163 51	99287646 50
64	65230035 50	75912323 50	50953853 50	11647297 51	99596979 50
56	61257792 50	73966383 50	44734390 50	11831695 51	10004135 51
48	57230085 50	74296773 50	38476255 50	12015274 51	10061753 51
40	52913050 50	79949907 50	32173499 50	12195596 51	10130404 51
36	50499923 50	86668223 50	29004020 50	12282905 51	10167523 51
32	47778508 50	97703455 50	25822128 50	12366984 51	10205437 51
28	44587021 50	11477496 51	22627895 50	12446564 51	10243134 51
24	40713879 50	13925430 51	19421702 50	12520186 51	10279458 51
20	35934850 50	17035545 51	16204298 50	12586263 51	10313160 51
16	30116543 50	20309022 51	12976789 50	12643177 51	10342967 51
14	26832280 50	21765400 51	11359694 50	12667703 51	10356022 51
12	23335129 50	22994151 51	97406552 49	12689368 51	10367656 51
10	19664740 50	23961721 51	81199094 49	12708004 51	10377737 51
8	15862539 50	24674389 51	64977129 49	12723461 51	10386149 51
6	11966448 50	25164969 51	48743355 49	12735624 51	10392803 51
4	80081250 49	25475853 51	32500608 49	12744382 51	10397609 51
2	40126583 49	25645252 51	16251821 49	12749669 51	10400519 51
128×10^{-11}	25698747 40	25698747 51	10401490 40	12751436 51	10401492 51

Φ: 67.1	y_R = 50000000 50	A_o = 24480405 50	y = 39038820 50	A_{xR} = 78043590 50	*Table 91*
t_R x 128	n_o	G_o	n_x	G_R	G_R / G_{RL}
128	10000000 51	10000000 51	10000000 51	10000000 51	10000000 51
126	98918663 50	99200568 50	98484637 50	10087108 51	99879486 50
125	98379648 50	98799364 50	97726818 50	10130269 51	99822010 50
124	97841764 50	98397136 50	96968876 50	10173171 51	99766372 50
122	96769409 50	97589506 50	95452669 50	10258206 51	99660551 50
120	95701697 50	96777526 50	93935985 50	10342234 51	99561974 50
116	93580617 50	95140003 50	90901044 50	10507343 51	99386326 50
112	91479334 50	93483785 50	87863736 50	10668662 51	99239167 50
108	89398628 50	91808761 50	84823693 50	10826374 51	99120526 50
104	87339200 50	90115708 50	81780545 50	10980659 51	99030488 50
100	85301680 50	88406652 50	78733854 50	11131721 51	98969472 50
96	83286510 50	86685398 50	75683165 50	11279759 51	98937886 50
88	79323888 50	83234662 50	69567721 50	11567587 51	98965336 50
80	75448594 50	79862340 50	63429737 50	11845709 51	99117460 50
72	71647211 50	76777801 50	57264222 50	12115382 51	99397440 50
64	67885535 50	74409018 50	51065856 50	12377200 51	99804410 50
56	64088465 50	73630112 50	44829379 50	12630611 51	10032998 51
48	60098573 50	76252614 50	38550169 50	12873375 51	10095444 51
40	55589819 50	86038372 50	32225014 50	13101100 51	10164360 51
36	52954034 50	95700246 50	29044812 50	13207299 51	10199740 51
32	49903490 50	11009575 51	25853020 50	13307030 51	10234744 51
28	46273990 50	13024539 51	22650039 50	13399130 51	10268537 51
24	41886279 50	15603963 51	19436505 50	13482378 51	10300247 51
20	36601716 50	18502376 51	16213313 50	13555514 51	10328979 51
16	30400154 50	21245583 51	12981605 50	13617328 51	10353878 51
14	26992119 50	22408880 51	11362978 50	13643641 51	10364644 51
12	23414568 50	23385450 51	97427563 49	13666714 51	10374163 51
10	19698363 50	24167140 51	81211420 49	13686442 51	10382361 51
8	15873958 50	24763485 51	64983506 49	13702725 51	10389168 51
6	11969221 50	25194205 51	48746070 49	13715475 51	10394523 51
4	80084956 49	25481755 51	32501419 49	13724632 51	10398383 51
2	40126700 49	25645628 51	16251924 49	13730146 51	10400712 51
128 x 10^{-11}	25698747 40	25698747 51	10401491 40	13731987 51	10401491 51

Φ: 67.1	y_R = 75000000 50	A_o = 19108406 50	y = 51975035 50	A_{xR} = 97970805 50	*Table 92*
t_R x 128	n_o	G_o	n_x	G_R	G_R / G_{RL}
128	10000000 51	10000000 51	10000000 51	10000000 51	10000000 51
126	99055008 50	99033801 50	98499697 50	10149137 51	99816636 50
125	98584189 50	98550077 50	97749164 50	10223130 51	99731237 50
124	98114477 50	98065965 50	96998366 50	10296740 51	99649867 50
122	97178442 50	97096571 50	95495964 50	10442832 51	99498991 50
120	96246966 50	96125748 50	93992441 50	10587431 51	99363338 50
116	94397818 50	94180656 50	90981824 50	10872220 51	99135319 50
112	92567291 50	92232973 50	87966084 50	11151258 51	98961650 50
108	90755471 50	90286294 50	84944775 50	11424682 51	98838791 50
104	88962250 50	88345998 50	81917447 50	11692618 51	98763728 50
100	87187250 50	86419764 50	78883599 50	11955172 51	98733830 50
96	85429748 50	84518323 50	75842753 50	12212429 51	98746756 50
88	81961708 50	80854858 50	69738024 50	12711223 51	98892395 50
80	78539531 50	77552658 50	63599201 50	13188941 51	99183748 50
72	75125976 50	74977555 50	57422399 50	13644672 51	99602704 50
64	71650335 50	73812397 50	51204169 50	14076403 51	10012778 51
56	67980504 50	75346157 50	44941888 50	14480818 51	10073259 51
48	63870510 50	82004095 50	38634170 50	14853154 51	10138468 51
40	58869694 50	98042180 50	32281292 50	15187264 51	10204568 51
36	55810704 50	11135987 51	29088555 50	15337751 51	10236623 51
32	52219078 50	12893833 51	25885572 50	15475910 51	10267272 51
28	47967397 50	15052135 51	22672999 50	15600755 51	10295955 51
24	42956955 50	17465468 51	19451630 50	15711325 51	10322128 51
20	37155530 50	19876806 51	16222409 50	15806687 51	10345272 51
16	30618128 50	22009311 51	12986411 50	15885997 51	10364916 51
14	27111605 50	22907958 51	11366240 50	15919400 51	10373298 51
12	23472783 50	23678204 51	97448337 49	15948516 51	10380653 51
10	19722688 50	24317278 51	81223558 49	15973282 51	10386948 51
8	15882157 50	24827740 51	64989775 49	15993627 51	10392143 51
6	11971207 50	25215156 51	48748724 49	16009507 51	10396214 51
4	80087600 49	25485974 51	32502208 49	16020883 51	10399141 51
2	40126784 49	25645896 51	16252022 49	16027721 51	10400904 51
128 x 10^{-11}	25698747 40	25698747 51	10401490 40	16030001 51	10401492 51

Φ: 67.1	y_R = 10000000 51	A_o = 15648626 50	y = 61803400 50	A_{xR} = 12236394 51	Table 93
$t_R \times 128$	n_o	G_o	n_x	G_R	G_R / G_{RL}
128	10000000 51	10000000 51	10000000 51	10000000 51	10000000 51
126	99156793 50	98926852 50	98510953 50	10225077 51	99748645 50
125	98736729 50	98390567 50	97765827 50	10336822 51	99634103 50
124	98317672 50	97854540 50	97020267 50	10448041 51	99526622 50
122	97482642 50	96783408 50	95527897 50	10668899 51	99331718 50
120	96651675 50	95713842 50	94033780 50	10887663 51	99162033 50
116	95001870 50	93581463 50	91040110 50	11318923 51	98891480 50
112	93367951 50	91462354 50	88038842 50	11741851 51	98703083 50
108	91749350 50	89363396 50	85029529 50	12156452 51	98587164 50
104	90145161 50	87293882 50	82011765 50	12562689 51	98535577 50
100	88554109 50	85266229 50	78985103 50	12960492 51	98541474 50
96	86974343 50	83297048 50	75949145 50	13349741 51	98598850 50
88	83837731 50	79629342 50	69847724 50	14101849 51	98847270 50
80	80702869 50	76568150 50	63704555 50	14816979 51	99243346 50
72	77512309 50	74604342 50	57517237 50	15492068 51	99753245 50
64	74165340 50	74614112 50	51284132 50	16122945 51	10034428 51
56	70485612 50	78160538 50	45004650 50	16704310 51	10098327 51
48	66166601 50	87921223 50	38679448 50	17229847 51	10163608 51
40	60698703 50	10779927 51	32310675 50	17692452 51	10226783 51
36	57309955 50	12267755 51	29111061 50	17897821 51	10256499 51
32	53349005 50	14088208 51	25902098 50	18084643 51	10284403 51
28	48728746 50	16164226 51	22684511 50	18252009 51	10310098 51
24	43400014 50	18346793 51	19459131 50	18399048 51	10333206 51
20	37368730 50	20448456 51	16226876 50	18524965 51	10353390 51
16	30697816 50	22298608 51	12988753 50	18629040 51	10370345 51
14	27154548 50	23091234 51	11367826 50	18672686 51	10377526 51
12	23493459 50	23783431 51	97458409 49	18710654 51	10383810 51
10	19731263 50	24370517 51	81229427 49	18742884 51	10389169 51
8	15885036 50	24850351 51	64992800 49	18769318 51	10393580 51
6	11971902 50	25222499 51	48750012 49	18789923 51	10397030 51
4	80088528 49	25487452 51	32502589 49	18804668 51	10399507 51
2	40126813 49	25645986 51	16252071 49	18813522 51	10400995 51
128×10^{-11}	25698747 40	25698747 51	10401491 40	18816474 51	10401491 51

Φ: 67.1	y_R = 15000000 51	A_o = 11642155 50	y = 75000000 50	A_{xR} = 18574640 51	Table 94
$t_R \times 128$	n_o	G_o	n_x	G_R	G_R / G_{RL}
128	10000000 51	10000000 51	10000000 51	10000000 51	10000000 51
126	99298297 50	98803691 50	98525821 50	10422378 51	99591881 50
125	98948584 50	98207422 50	97787745 50	10632188 51	99413757 50
124	98599608 50	97612542 50	97048998 50	10841070 51	99251285 50
122	97903818 50	96427303 50	95569493 50	11256043 51	98969093 50
120	97210828 50	95248793 50	94087273 50	11667254 51	98737747 50
116	95832720 50	92915876 50	91114489 50	12478212 51	98403459 50
112	94463994 50	90623048 50	88130374 50	13273554 51	98208954 50
108	93102944 50	88382329 50	85134643 50	14052831 51	98125469 50
104	91747403 50	86209125 50	82127056 50	14815534 51	98131346 50
100	90394523 50	84123381 50	79107386 50	15561088 51	98209890 50
96	89040705 50	82150739 50	76075439 50	16288867 51	98347876 50
88	86310462 50	78686802 50	69974162 50	17688251 51	98761005 50
80	83502175 50	76216428 50	63822463 50	19007380 51	99303863 50
72	80527157 50	75409060 50	57620354 50	20239017 51	99926483 50
64	77240860 50	77378929 50	51368693 50	21375105 51	10058873 51
56	73409704 50	83903779 50	45069277 50	22406978 51	10125660 51
48	68669723 50	97483006 50	38724938 50	23325616 51	10190030 51
40	62506888 50	12057811 51	32339557 50	24121988 51	10249342 51
36	58706336 50	13589869 51	29132965 50	24471597 51	10276365 51
32	54336815 50	15327462 51	25918033 50	24787453 51	10301279 51
28	49354502 50	17193217 51	22695522 50	25068600 51	10323848 51
24	43745136 50	19085122 51	19466252 50	25314168 51	10343858 51
20	37528198 50	20892765 51	16231093 50	25523356 51	10361117 51
16	30755893 50	22512970 51	12990952 50	25695493 51	10375467 51
14	27185594 50	23225044 51	11369310 50	25767481 51	10381508 51
12	23508325 50	23859496 51	97467818 49	25829994 51	10386772 51
10	19737408 50	24408765 51	81234904 49	25882983 51	10391247 51
8	15887094 50	24866542 51	64995614 49	25926403 51	10394924 51
6	11972399 50	25227746 51	48751204 49	25960207 51	10397791 51
4	80089191 49	25488502 51	32502946 49	25984378 51	10399845 51
2	40126834 49	25646054 51	16252115 49	25998888 51	10401079 51
128×10^{-11}	25698747 40	25698747 51	10401491 40	26003726 51	10401490 51

Φ: 67.1	y_R = 20000000 51	A_o = 95333540 49	y = 82842710 50	A_{xR} = 26996389 51	Table 95
t_R x 128	n_o	G_o	n_x	G_R	G_R / G_{RL}
128	10000000 51	10000000 51	10000000 51	10000000 51	10000000 51
126	99391655 50	98739399 50	98534520 50	10684488 51	99404003 50
125	99088203 50	98112241 50	97800535 50	11024535 51	99155760 50
124	98785201 50	97487365 50	97065714 50	11363101 51	98935988 50
122	98180463 50	96244930 50	95593550 50	12035739 51	98570557 50
120	97577259 50	95013250 50	94118009 50	12702284 51	98288547 50
116	96374549 50	92587522 50	91156708 50	14016620 51	97919286 50
112	95175019 50	90222710 50	88181699 50	15305121 51	97744380 50
108	93976124 50	87934650 50	85192856 50	16566726 51	97709922 50
104	92774638 50	85743462 50	82190120 50	17800312 51	97779440 50
100	91566586 50	83674636 50	79173450 50	19004677 51	97927196 50
96	90346958 50	81760573 50	76142840 50	20178586 51	98134444 50
88	87846557 50	78572575 50	70040021 50	22429695 51	98673581 50
80	85202625 50	76661899 50	63882447 50	24542518 51	99315723 50
72	82304544 50	76802284 50	57671635 50	26505268 51	10000699 51
64	78980530 50	80195594 50	51409843 50	28305707 51	10070839 51
56	74970223 50	68557690 50	45100105 50	29931462 51	10138978 51
48	69902644 50	10389850 51	38746245 50	31370328 51	10202679 51
40	63311688 50	12759673 51	32352866 50	32610671 51	10259927 51
36	59295021 50	14244954 51	29142987 50	33153001 51	10285596 51
32	54732145 50	15884217 51	25925277 50	33641782 51	10309049 51
28	49593749 50	17617554 51	22700499 50	34075876 51	10330125 51
24	43872399 50	19369703 51	19469455 50	34454274 51	10348683 51
20	37585530 50	21056137 51	16232977 50	34776052 51	10364598 51
16	30776454 50	22589589 51	12991932 50	35040424 51	10377762 51
14	27196532 50	23272468 51	11369970 50	35150881 51	10383287 51
12	23513548 50	23886305 51	97471995 49	35246747 51	10388093 51
10	19739562 50	24422196 51	81237335 49	35327967 51	10392173 51
8	15887816 50	24872215 51	64996857 49	35394491 51	10395520 51
6	11972573 50	25229585 51	48751727 49	35446277 51	10398130 51
4	80089422 49	25488871 51	32503099 49	35483287 51	10399996 51
2	40126841 49	25646077 51	16252133 49	35505506 51	10401117 51
128×10^{-11}	25698747 40	25698747 51	10401490 40	35512910 51	10401490 51

Φ: 67.1	y_R = 30000000 51	A_o = 75785625 49	y = 90832695 50	A_{xR} = 50444531 51	Table 96
t_R x 128	n_o	G_o	n_x	G_R	G_R / G_{RL}
128	10000000 51	10000000 51	10000000 51	10000000 51	10000000 51
126	99506374 50	98680636 50	98543293 50	11414161 51	98943125 50
125	99259570 50	98025930 50	97613400 50	12116697 51	98549384 50
124	99012731 50	97374761 50	97082483 50	12816149 51	98223317 50
122	98518765 50	96083857 50	95617577 50	14205664 51	97729682 50
120	98024184 50	94809530 50	94148575 50	15582384 51	97394861 50
116	97031780 50	92318105 50	91198325 50	18296141 51	97043068 50
112	96032353 50	89917656 50	88231821 50	20954808 51	96962185 50
108	95022070 50	87629573 50	85249220 50	23555687 51	97047826 50
104	93996273 50	85480455 50	82250653 50	26096026 51	97241100 50
100	92949273 50	83503426 50	79236317 50	28573002 51	97506076 50
96	91874175 50	81739632 50	76206453 50	30983788 51	97819455 50
88	89604075 50	79068173 50	70101177 50	35595180 51	98532083 50
80	87094069 50	78033694 50	63937294 50	39906872 51	99296930 50
72	84208939 50	79470903 50	57717847 50	43895547 51	10006655 51
64	80754160 50	84524531 50	51446426 50	47538254 51	10081014 51
56	76462527 50	94571666 50	45127179 50	50812803 51	10150572 51
48	70994756 50	11090040 51	38764757 50	53698315 51	10213691 51
40	63969825 50	13410620 51	32364322 50	56175519 51	10269075 51
36	59759235 50	14810357 51	29151580 50	57255568 51	10293541 51
32	55034270 50	16336268 51	25931464 50	58227314 51	10315710 51
28	49772078 50	17945898 51	22704736 50	59088983 51	10335485 51
24	43965540 50	19582386 51	19472174 50	59839050 51	10352788 51
20	37626986 50	21175495 51	16234577 50	60476091 51	10367546 51
16	30791216 50	22644835 51	12992761 50	60998961 51	10379702 51
14	27204372 50	23306530 51	11370530 50	61217255 51	10384788 51
12	23517286 50	23905508 51	97475533 49	61406653 51	10389206 51
10	19741102 50	24431804 51	81239386 49	61567082 51	10392954 51
8	15888331 50	24876267 51	64997915 49	61698432 51	10396023 51
6	11972697 50	25230900 51	48752176 49	61800654 51	10398413 51
4	80089588 49	25489138 51	32503232 49	61873713 51	10400123 51
2	40126845 49	25646094 51	16252151 49	61917546 51	10401147 51
128×10^{-11}	25698747 40	25698747 51	10401491 40	61932169 51	10401490 51

Φ: 70	$y_R =$ 62500000 49	$A_o =$ 44635952 50	$y =$ 60577385 49	$A_{xR} =$ 52848093 50	*Table 97*
$t_R \times 128$	n_o	G_o	n_x	G_R	G_R / G_{RL}
128	10000000 51	10000000 51	10000000 51	10000000 51	10000000 51
126	98524489 50	99831189 50	98443234 50	10008817 51	99988212 50
125	97787227 50	99745841 50	97664875 50	10013165 51	99982316 50
124	97050295 50	99659836 50	96886536 50	10017469 51	99976377 50
122	95577478 50	99485710 50	95329915 50	10025955 51	99964475 50
120	94106091 50	99308586 50	93773354 50	10034274 51	99952495 50
116	91167889 50	98944225 50	90660496 50	10050406 51	99928273 50
112	88236286 50	98564370 50	87547963 50	10065862 51	99903678 50
108	85311942 50	98166273 50	84435788 50	10080632 51	99878608 50
104	82395609 50	97746721 50	81323995 50	10094715 51	99853040 50
100	79488156 50	97301947 50	78212608 50	10108100 51	99826875 50
96	76590555 50	96827549 50	75101650 50	10120788 51	99800119 50
88	70829578 50	95768195 50	68881140 50	10144060 51	99744691 50
80	65123900 50	94514619 50	62662659 50	10164566 51	99687068 50
72	59488583 50	92990576 50	56446317 50	10182471 51	99628860 50
64	53944170 50	91087906 50	50232032 50	10198239 51	99574538 50
56	48518855 50	88655417 50	44019235 50	10212954 51	99534623 50
48	43251206 50	85494624 50	37806322 50	10228996 51	99532143 50
40	38191875 50	81404356 50	31589559 50	10251251 51	99614408 50
36	35758297 50	79003286 50	28477507 50	10267361 51	99712992 50
32	33396625 50	76468086 50	25361061 50	10288871 51	99869970 50
28	31106567 50	74084252 50	22238122 50	10317683 51	10010375 51
24	28872589 50	72594114 50	19106032 50	10355624 51	10043197 51
20	26640367 50	73906715 50	15961700 50	10403724 51	10086458 51
16	24254119 50	83131448 50	12802015 50	10460991 51	10139193 51
14	22888350 50	94466999 50	11215636 50	10491829 51	10167919 51
12	21261226 50	11428448 51	96246828 49	10522941 51	10197059 51
10	19266699 50	14691096 51	80291932 49	10553081 51	10225408 51
8	16622341 50	19415916 51	64294092 49	10580794 51	10251556 51
6	13179180 50	24565496 51	48257986 49	10604522 51	10273997 51
4	90422875 49	27966119 51	32190620 49	10622771 51	10291286 51
2	45622616 49	29094327 51	16101069 49	10634280 51	10302200 51
128×10^{-11}	29238029 40	29238031 51	10305932 40	10638215 51	10305933 51

Φ: 70	$y_R =$ 93750000 49	$A_o =$ 42292813 50	$y =$ 89458405 49	$A_{xR} =$ 54348624 50	*Table 98*
$t_R \times 128$	n_o	G_o	n_x	G_R	G_R / G_{RL}
128	10000000 51	10000000 51	10000000 51	10000000 51	10000000 51
126	98564219 50	99757542 50	98445950 50	10013468 51	99982397 50
125	97847021 50	99635043 50	97668956 50	10020110 51	99973590 50
124	97130295 50	99511657 50	96891980 50	10026692 51	99964796 50
122	95698277 50	99262067 50	95338109 50	10039671 51	99947207 50
120	94268269 50	99008432 50	93784329 50	10052406 51	99929619 50
116	91414652 50	98487648 50	90677053 50	10077142 51	99894457 50
112	88570221 50	97946240 50	87570168 50	10100897 51	99859251 50
108	85735842 50	97380725 50	84463699 50	10123673 51	99824030 50
104	82912513 50	96787062 50	81357651 50	10145472 51	99788806 50
100	80101359 50	96160607 50	78252045 50	10166302 51	99753636 50
96	77303648 50	95496002 50	75146888 50	10186173 51	99718617 50
88	71754437 50	94026679 50	68937921 50	10223128 51	99649841 50
80	66278888 50	92317190 50	62730668 50	10256614 51	99585081 50
72	60895125 50	90285716 50	56524761 50	10287207 51	99529790 50
64	55626695 50	87827229 50	50319329 50	10316006 51	99494407 50
56	50503683 50	84818601 50	44112575 50	10345043 51	99498250 50
48	45562721 50	81155968 50	37901064 50	10377890 51	99575261 50
40	40841488 50	76910840 50	31678635 50	10420348 51	99780557 50
36	38569933 50	74766114 50	28560324 50	10447651 51	99954757 50
32	36352275 50	72943337 50	25435082 50	10480449 51	10019037 51
28	34168737 50	72077717 50	22300900 50	10519603 51	10049554 51
24	31969204 50	73563138 50	19155614 50	10565370 51	10087267 51
20	29636050 50	80562588 50	15997155 50	10616865 51	10131327 51
16	26896316 50	10041682 51	12823964 50	10671524 51	10179292 51
14	25201793 50	11958592 51	11231633 50	10698682 51	10203447 51
12	23133456 50	14810419 51	96355517 49	10724757 51	10226794 51
10	20535589 50	18664271 51	80359151 49	10748908 51	10248535 51
8	17283454 50	22986605 51	64330486 49	10770255 51	10267832 51
6	13396333 50	26547055 51	48274038 49	10787942 51	10283870 51
4	90758231 49	28483358 51	32195533 49	10801197 51	10295917 51
2	45633589 49	29129321 51	16101696 49	10809415 51	10303398 51
128×10^{-11}	29238029 40	29238031 51	10305931 40	10812199 51	10305933 51

Table 99

Φ: 70	$y_R =$ 12500000 50	$A_0 =$ 40142678 50	$y =$ 11743140 50	$A_{xR} =$ 55901441 50	
$t_R \times 128$	n_o	G_o	n_x	G_R	G_R / G_{RL}
128	10000000 51	10000000 51	10000000 51	10000000 51	10000000 51
126	98601723 50	99690017 50	98448569 50	10018283 51	99976598 50
125	97903438 50	99533521 50	97672895 50	10027303 51	99964938 50
124	97205741 50	99375941 50	96897239 50	10036245 51	99953341 50
122	95812166 50	99057411 50	95346001 50	10053888 51	99930225 50
120	94421100 50	98734042 50	93794856 50	10071213 51	99907257 50
116	91646897 50	98071229 50	90692878 50	10104907 51	99861783 50
112	88884084 50	97383980 50	87591287 50	10137338 51	99816984 50
108	86133687 50	96668344 50	84490103 50	10168514 51	99772912 50
104	83396869 50	95919830 50	81389315 50	10198454 51	99729731 50
100	80674930 50	95133343 50	78288915 50	10227179 51	99687628 50
96	77969325 50	94303087 50	75188888 50	10254723 51	99646897 50
88	72613812 50	92484356 50	68989804 50	10306458 51	99571300 50
80	67345863 50	90401099 50	62791586 50	10354215 51	99508035 50
72	62184904 50	87976918 50	56593295 50	10398965 51	99466101 50
64	57154835 50	85126525 50	50393251 50	10442332 51	99460613 50
56	52263805 50	81779108 50	44188536 50	10486945 51	99516054 50
48	47600873 50	77958605 50	37974361 50	10536783 51	99669458 50
40	43123047 50	74046165 50	31743283 50	10597207 51	99970699 50
36	40953476 50	72462557 50	28618215 50	10633204 51	10019361 51
32	38809760 50	71692585 50	25484730 50	10673784 51	10047142 51
28	36651910 50	72699047 50	22341167 50	10719029 51	10080484 51
24	34395842 50	74452384 50	19185947 50	10768326 51	10118807 51
20	31866208 50	90080607 50	16017820 50	10820087 51	10160622 51
16	28699104 50	11889854 51	12836169 50	10871554 51	10203350 51
14	26674616 50	14322527 51	11240336 50	10895999 51	10223955 51
12	24203943 50	17535656 51	96413436 49	10918847 51	10243364 51
10	21179891 50	21275233 51	80394317 49	10939502 51	10261021 51
8	17572212 50	24821951 51	64349229 49	10957385 51	10276386 51
6	13479560 50	27361809 51	48282202 49	10971948 51	10288947 51
4	90878016 49	28671110 51	32198006 49	10982719 51	10298263 51
2	45637433 49	29141598 51	16102009 49	10989335 51	10303996 51
128×10^{-11}	29238029 40	29238031 51	10305931 40	10991569 51	10305934 51

Table 100

Φ: 70	$y_R =$ 18750000 50	$A_0 =$ 36341752 50	$y =$ 17074405 50	$A_{xR} =$ 59167799 50	
$t_R \times 128$	n_o	G_o	n_x	G_R	G_R / G_{RL}
128	10000000 51	10000000 51	10000000 51	10000000 51	10000000 51
126	98670738 50	99570807 50	98453552 50	10028415 51	99965052 50
125	98007236 50	99354360 50	97680353 50	10042450 51	99947829 50
124	97344524 50	99136605 50	96907175 50	10056367 51	99930729 50
122	96021492 50	98696983 50	95360885 50	10083854 51	99896971 50
120	94701750 50	98251521 50	93814668 50	10110882 51	99863857 50
116	92072680 50	97341281 50	90722461 50	10163569 51	99799548 50
112	89458460 50	96401982 50	87630510 50	10214460 51	99738031 50
108	86860291 50	95429369 50	84538791 50	10263591 51	99679564 50
104	84279536 50	94418727 50	81447248 50	10311013 51	99624565 50
100	81717688 50	93364895 50	78355802 50	10356788 51	99573547 50
96	79176345 50	92262310 50	75264375 50	10400991 51	99527138 50
88	74162516 50	89886426 50	69061062 50	10485083 51	99451593 50
80	69254206 50	87240008 50	62896003 50	10564337 51	99407040 50
72	64470043 50	84275025 50	56707157 50	10640304 51	99407152 50
64	59830110 50	80968671 50	50511477 50	10715171 51	99471274 50
56	55352557 50	77382421 50	44304544 50	10791840 51	99625117 50
48	51043755 50	73820989 50	38080246 50	10873743 51	99899079 50
40	46871003 50	71286225 50	31830737 50	10964038 51	10032093 51
36	44797494 50	71211429 50	28693730 50	11012820 51	10059147 51
32	42682333 50	72912498 50	25547062 50	11063776 51	10089938 51
28	40447177 50	77910625 50	22389757 50	11116217 51	10123840 51
24	37947716 50	89032013 50	19221124 50	11168918 51	10159743 51
20	34919255 50	11131573 51	16040880 50	11220096 51	10196039 51
16	30903854 50	15177595 51	12849310 50	11267444 51	10230653 51
14	28330870 50	17980143 51	11249555 50	11288855 51	10246587 51
12	25287525 50	21084595 51	96473903 49	11308300 51	10261193 51
10	21759016 50	24063021 51	80430560 49	11325439 51	10274168 51
8	17804638 50	26442573 51	64368328 49	11339957 51	10285227 51
6	13541659 50	27991139 51	48290445 49	11351567 51	10294115 51
4	90964363 49	28807445 51	32200491 49	11360039 51	10300624 51
2	45640183 49	29150375 51	16102323 49	11365197 51	10304596 51
128×10^{-11}	29238029 40	29238031 51	10305931 40	11366930 51	10305932 51

Table 101

Φ: 70	$y_R =$ 25000000 50	$A_0 =$ 33098264 50	$y =$ 22069555 50	$A_{xR} =$ 62654912 50	
$t_R \times 128$	n_o	G_o	n_x	G_R	G_R / G_{RL}
128	10000000 51	10000000 51	10000000 51	10000000 51	10000000 51
126	98732773 50	99469232 50	98458180 50	10039242 51	99953584 50
125	98100508 50	99201821 50	97687282 50	10058635 51	99930844 50
124	97469173 50	98932994 50	96916395 50	10077879 51	99908428 50
122	96209324 50	98390881 50	95374636 50	10115914 51	99864526 50
120	94953347 50	97842483 50	93832918 50	10153353 51	99821923 50
116	92453622 50	96724944 50	90749507 50	10226473 51	99740780 50
112	89971201 50	95576587 50	87666084 50	10297292 51	99665327 50
108	87507380 50	94393344 50	84582556 50	10365879 51	99596039 50
104	85063558 50	93170892 50	81498824 50	10432314 51	99533479 50
100	82641242 50	91904740 50	78414740 50	10496694 51	99478380 50
96	80242058 50	90590256 50	75330143 50	10559134 51	99431649 50
88	75520046 50	87798221 50	69158579 50	10678756 51	99367704 50
80	70912331 50	84763740 50	62982067 50	10792552 51	99352758 50
72	66434198 50	81477342 50	56797720 50	10902319 51	99401575 50
64	62098825 50	77989092 50	50601645 50	11010275 51	99532561 50
56	57910777 50	74499743 50	44388776 50	11118886 51	99766127 50
48	53850263 50	71589136 50	38152899 50	11230366 51	10012044 51
40	49832834 50	70837632 50	31887040 50	11345688 51	10060286 51
36	47772254 50	72437435 50	28740726 50	11404365 51	10088830 51
32	45599213 50	76683205 50	25584529 50	11463055 51	10119685 51
28	43202053 50	85500430 50	22417971 50	11520758 51	10152039 51
24	40389923 50	10212811 51	19240870 50	11576209 51	10184769 51
20	36847122 50	13128006 51	16053416 50	11627821 51	10216505 51
16	32117076 50	17643694 51	12856251 50	11673762 51	10245667 51
14	29161195 50	20343456 51	11254363 50	11694004 51	10258763 51
12	25776998 50	23017680 51	96505089 49	11712113 51	10270600 51
10	21995392 50	25342223 51	80449063 49	11727867 51	10280986 51
8	17892193 50	27089270 51	64378005 49	11741061 51	10289747 51
6	13563952 50	28221675 51	48294590 49	11751522 51	10296731 51
4	90994738 49	28855612 51	32201732 49	11759102 51	10301813 51
2	45641144 49	29153453 51	16102479 49	11763691 51	10304897 51
128×10^{-11}	29238029 40	29238031 51	10305931 40	11765203 51	10305933 51

Table 102

Φ: 70	$y_R =$ 37500000 50	$A_0 =$ 27892090 50	$y =$ 31122235 50	$A_{xR} =$ 70321862 50	
$t_R \times 128$	n_o	G_o	n_x	G_R	G_R / G_{RL}
128	10000000 51	10000000 51	10000000 51	10000000 51	10000000 51
126	98839775 50	99306504 50	98466492 50	10063063 51	99930616 50
125	98261279 50	98957717 50	97699701 50	10094264 51	99897107 50
124	97683897 50	98607507 50	96932881 50	10125244 51	99864365 50
122	96532500 50	97902646 50	95399139 50	10186555 51	99801271 50
120	95385722 50	97191561 50	93865252 50	10247005 51	99741327 50
116	93106557 50	95749267 50	90796952 50	10365376 51	99631152 50
112	90847593 50	94277657 50	87727819 50	10480454 51	99534119 50
108	88610051 50	92773834 50	84657657 50	10592355 51	99450758 50
104	86395189 50	91235110 50	81586247 50	10701205 51	99381646 50
100	84204313 50	89659164 50	78513331 50	10807149 51	99327602 50
96	82038735 50	88044263 50	75438634 50	10910340 51	99289470 50
88	77788686 50	84696057 50	69282550 50	11109162 51	99265212 50
80	73654363 50	81206943 50	63114936 50	11299173 51	99318345 50
72	69641404 50	77649500 50	56932052 50	11481969 51	99459210 50
64	65746150 50	74217692 50	50729501 50	11659021 51	99697232 50
56	61943914 50	71372597 50	44502402 50	11831288 51	10003791 51
48	58162628 50	70190497 50	38245724 50	11998656 51	10047836 51
40	54220688 50	73254218 50	31954991 50	12159215 51	10100184 51
36	52068195 50	78120017 50	28795837 50	12235688 51	10128438 51
32	49670858 50	87006078 50	25627240 50	12308615 51	10157270 51
28	46868850 50	10215828 51	22449267 50	12377024 51	10185905 51
24	43421205 50	12649599 51	19262213 50	12439818 51	10213474 51
20	39002947 50	16215825 51	16066653 50	12495797 51	10239032 51
16	33289745 50	20631371 51	12863434 50	12543740 51	10261621 51
14	29900406 50	22832591 51	11259293 50	12564326 51	10271509 51
12	26180013 50	24795726 51	96536803 49	12582474 51	10280320 51
10	22177959 50	26393319 51	80467748 49	12598059 51	10287953 51
8	17956946 50	27581069 51	64387713 49	12610969 51	10294322 51
6	13580061 50	28389804 51	48298736 49	12621113 51	10299357 51
4	91016491 49	28890164 51	32202969 49	12628414 51	10302996 51
2	45641831 49	29155648 51	16102633 49	12632817 51	10305197 51
128×10^{-11}	29238029 40	29238031 51	10305931 40	12634287 51	10305933 51

Φ: 70	y_R = 50000000 50	A_0 = 23937799 50	y = 39038820 50	A_{xR} = 78961692 50	Table 103
$t_R \times 128$	n_o	G_o	n_x	G_R	G_R / G_{RL}
128	10000000 51	10000000 51	10000000 51	10000000 51	10000000 51
126	98928772 50	99183186 50	98473696 50	10089921 51	99907340 50
125	98394912 50	98772971 50	97710429 50	10134445 51	99863160 50
124	97862243 50	98361498 50	96947081 50	10178681 51	99820408 50
122	96800566 50	97534631 50	95420116 50	10266295 51	99739137 50
120	95743838 50	96702343 50	93892777 50	10352777 51	99663469 50
116	93645767 50	95020558 50	90836871 50	10522404 51	99528784 50
112	91569021 50	93314411 50	87779112 50	10687688 51	99416146 50
108	89514610 50	91582578 50	84719230 50	10848767 51	99325544 50
104	87483524 50	89824340 50	81656928 50	11005782 51	99257063 50
100	85476703 50	88039861 50	78591875 50	11158880 51	99210936 50
96	83495010 50	86230578 50	75523718 50	11308216 51	99187490 50
88	79609709 50	82553179 50	69376527 50	11596215 51	99210260 50
80	75830288 50	78855340 50	63211938 50	11870942 51	99328594 50
72	72151774 50	75286159 50	57026151 50	12133321 51	99544616 50
64	68553525 50	72168834 50	50815138 50	12383750 51	99857226 50
56	64982864 50	70193014 50	44574941 50	12621752 51	10025961 51
48	61319970 50	70859728 50	38302098 50	12845567 51	10073637 51
40	57298472 50	77550530 50	31994237 50	13051813 51	10126121 51
36	54988664 50	85278601 50	28826896 50	13146805 51	10153022 51
32	52323200 50	97895876 50	25650748 50	13235343 51	10179608 51
28	49117738 50	11743724 51	22466108 50	13316552 51	10205253 51
24	45126724 50	14568457 51	19273468 50	13389502 51	10229292 51
20	40080308 50	18215319 51	16073504 50	13453256 51	10251061 51
16	33798444 50	22157134 51	12867093 50	13506899 51	10269914 51
14	30199980 50	23962983 51	11261789 50	13529665 51	10278060 51
12	26334206 50	25525590 51	96552764 49	13549601 51	10285265 51
10	22244909 50	26793404 51	80477111 49	13566610 51	10291466 51
8	17980071 50	27759556 51	64392559 49	13580651 51	10296614 51
6	13585735 50	28449340 51	48300800 49	13591628 51	10300664 51
4	91024109 49	28902285 51	32203587 49	13599508 51	10303583 51
2	45642072 49	29156418 51	16102712 49	13604248 51	10305343 51
128×10^{-11}	29238029 40	29238031 51	10305932 40	13605832 51	10305933 51

Φ: 70	y_R = 75000000 50	A_0 = 18432297 50	y = 51975035 50	A_{xR} = 99382206 50	Table 104
$t_R \times 128$	n_o	G_o	n_x	G_R	G_R / G_{RL}
128	10000000 51	10000000 51	10000000 51	10000000 51	10000000 51
126	99068248 50	99012031 50	98485315 50	10153426 51	99858819 50
125	98604189 50	98516926 50	97727677 50	10229472 51	99793106 50
124	98141350 50	98021069 50	96969837 50	10305073 51	99730512 50
122	97219389 50	97027059 50	95453513 50	10454960 51	99614546 50
120	96302447 50	96029988 50	93936314 50	10603097 51	99510364 50
116	94483894 50	94026871 50	90899135 50	10894178 51	99335537 50
112	92686239 50	92012500 50	87857958 50	11178429 51	99202779 50
108	90909928 50	89988658 50	84812451 50	11455948 51	99109284 50
104	89155268 50	87958450 50	81762271 50	11726827 51	99052680 50
100	87422375 50	85926711 50	78707037 50	11991138 51	99030861 50
96	85711133 50	83900650 50	75646375 50	12248942 51	99041991 50
88	82351232 50	79911275 50	69507258 50	12745120 51	99156111 50
80	79065113 50	76134496 50	63341860 50	13215243 51	99381545 50
72	75828099 50	72849055 50	57147258 50	13658544 51	99703966 50
64	72589155 50	70594643 50	50920896 50	14073418 51	10010655 51
56	69247076 50	70437474 50	44660854 50	14457268 51	10056877 51
48	65601908 50	74540104 50	38366160 50	14806427 51	10106573 51
40	61255122 50	87299389 50	32037102 50	15116213 51	10156827 51
36	58596308 50	99287346 50	28860196 50	15254647 51	10181159 51
32	55428058 50	11668169 51	25675518 50	15381141 51	10204399 51
28	51566452 50	14044019 51	22483571 50	15494953 51	10226129 51
24	46817959 50	17020911 51	19284963 50	15595362 51	10245942 51
20	41038577 50	20329384 51	16080417 50	15681669 51	10263449 51
16	34206343 50	23499531 51	12870743 50	15753248 51	10278303 51
14	30430444 50	24886272 51	11264267 50	15783334 51	10284635 51
12	26449161 50	26088897 51	96568546 49	15809535 51	10290193 51
10	22293773 50	27090559 51	80486330 49	15831802 51	10294948 51
8	17996739 50	27889148 51	64397315 49	15850086 51	10298874 51
6	13589800 50	28492096 51	48302818 49	15864344 51	10301949 51
4	91029559 49	28910948 51	32204185 49	15874553 51	10304158 51
2	45642244 49	29156967 51	16102787 49	15880686 51	10305488 51
128×10^{-11}	29238029 40	29238031 51	10305931 40	15882733 51	10305933 51

Table 105

Φ: 70	$y_R =$ 10000000 51	$A_0 =$ 14874834 50	$y =$ 61903400 50	$A_{xR} =$ 12431951 51	
$t_R \times 128$	n_o	G_o	n_x	G_R	G_R / G_{RL}
128	10000000 51	10000000 51	10000000 51	10000000 51	10000000 51
126	99172505 50	98901630 50	98494025 50	10230988 51	99806505 50
125	98750488 50	98352370 50	97740561 50	10345538 51	99718115 50
124	98349622 50	97802707 50	96986771 50	10459457 51	99635359 50
122	97531385 50	96702809 50	95478198 50	10685414 51	99495479 50
120	96717825 50	95602326 50	93968258 50	10908867 51	99355154 50
116	95104802 50	93400823 50	90944136 50	11348261 51	99147801 50
112	93510636 50	91201206 50	87914089 50	11777654 51	99004946 50
108	91935211 50	89007973 50	84877797 50	12197032 51	98916263 50
104	90376186 50	86827410 50	81834939 50	12606359 51	98878104 50
100	88838922 50	84668258 50	78785182 50	13005565 51	98884174 50
96	87316388 50	82542478 50	75728228 50	13394545 51	98929764 50
88	84314622 50	78461441 50	69591525 50	14141217 51	99123221 50
80	81351050 50	74794287 50	63422663 50	14844710 51	99429087 50
72	78384263 50	71924990 50	57219884 50	15502584 51	99820957 50
64	75337870 50	70567279 50	50982042 50	16111576 51	10027352 51
56	72071121 50	72077141 50	44708775 50	16667587 51	10076127 51
48	68322094 50	79055004 50	38400682 50	17165783 51	10125818 51
40	63604459 50	96245492 50	32059481 50	17600773 51	10173790 51
36	60634066 50	11079548 51	28877325 50	17792803 51	10196317 51
32	57071783 50	13036158 51	25688088 50	17966915 51	10217453 51
28	52762012 50	15497793 51	22492325 50	18122420 51	10236896 51
24	47570241 50	18338813 51	19290665 50	18258675 51	10254370 51
20	41426928 50	21293212 51	16083811 50	18375080 51	10269621 51
16	34359633 50	24034026 51	12872523 50	18471108 51	10282428 51
14	30514751 50	25236393 51	11265470 50	18511325 51	10287849 51
12	26490408 50	26295148 51	96576195 49	18546287 51	10292591 51
10	22311088 50	27196912 51	80490792 49	18575943 51	10296634 51
8	18002604 50	27934939 51	64399617 49	18600260 51	10299954 51
6	13591226 50	28507102 51	48303791 49	18619207 51	10302568 51
4	91031469 49	28913986 51	32204478 49	18632754 51	10304434 51
2	45642305 49	29157160 51	16102824 49	18640893 51	10305557 51
128×10^{-11}	29238029 40	29238031 51	10305932 40	18643607 51	10305932 51

Table 106

Φ: 70	$y_R =$ 15000000 51	$A_0 =$ 10728132 50	$y =$ 75000000 50	$A_{xR} =$ 18899925 51	
$t_R \times 128$	n_o	G_o	n_x	G_R	G_R / G_{RL}
128	10000000 51	10000000 51	10000000 51	10000000 51	10000000 51
126	99317797 50	98773924 50	98505552 50	10432144 51	99685201 50
125	98978095 50	98161861 50	97757554 50	10646536 51	99547015 50
124	98639326 50	97550501 50	97009031 50	10859806 51	99422810 50
122	97964570 50	96330183 50	95510408 50	11282959 51	99205733 50
120	97293430 50	95113552 50	94009655 50	11701564 51	99028100 50
116	95961852 50	92694053 50	91001657 50	12524980 51	98772272 50
112	94643606 50	90298495 50	87984822 50	13329722 51	98624533 50
108	93338285 50	87935482 50	84958950 50	14115413 51	98562455 50
104	92043876 50	85616266 50	81923865 50	14881636 51	98569175 50
100	90758695 50	83355581 50	78879409 50	15627922 51	98631696 50
96	89480235 50	81172703 50	75825463 50	16353759 51	98739677 50
88	86929425 50	77148924 50	69688700 50	17741811 51	99060053 50
80	84351481 50	73856957 50	63513124 50	19040782 51	99478371 50
72	81678673 50	71842478 50	57298867 50	20245008 51	99956063 50
64	78795440 50	72074336 50	51046702 50	21348247 51	10046234 51
56	75502739 50	76275595 50	44758119 50	22343843 51	10097129 51
48	71458459 50	87382027 50	38435368 50	23224941 51	10146049 51
40	66099225 50	10964023 51	32081472 50	23984718 51	10191017 51
36	62680118 50	12621998 51	28893997 50	24317065 51	10211472 51
32	58617240 50	14657091 51	25700210 50	24616689 51	10230312 51
28	53808383 50	17007051 51	22500697 50	24882881 51	10247364 51
24	48184159 50	19541611 51	19296079 50	25114999 51	10262473 51
20	41725766 50	22082525 51	16087014 50	25312445 51	10275498 51
16	34472878 50	24440070 51	12874193 50	25474714 51	10286320 51
14	30576212 50	25495968 51	11266597 50	25542520 51	10290873 51
12	26520205 50	26445531 51	96583340 49	25601380 51	10294842 51
10	22323525 50	27273654 51	80494947 49	25651254 51	10298215 51
8	18006802 50	27967780 51	64401754 49	25692102 51	10300983 51
6	13592245 50	28517843 51	48304700 49	25723902 51	10303144 51
4	91032828 49	28916155 51	32204747 49	25746631 51	10304691 51
2	45642348 49	29157295 51	16102857 49	25760281 51	10305622 51
128×10^{-11}	29238029 40	29238031 51	10305932 40	25764832 51	10305933 51

Φ: 70	y_R = 20000000 51	A_o = 85159795 49	y = 82842710 50	A_{xR} = 27485264 51	Table 107
$t_R \times 128$	n_o	G_o	n_x	G_R	G_R / G_{RL}
128	10000000 51	10000000 51	10000000 51	10000000 51	10000000 51
126	99414010 50	98706115 50	98512302 50	10699116 51	99540096 50
125	99122080 50	98061142 50	97767481 50	11045993 51	99348755 50
124	98830829 50	97417626 50	97021997 50	11391068 51	99179491 50
122	98250355 50	96135264 50	95529064 50	12075773 51	98898428 50
120	97672453 50	94859861 50	94033492 50	12753132 51	98682002 50
116	96523836 50	92333741 50	91034363 50	14085414 51	98399877 50
112	95383619 50	89848349 50	88024535 50	15387101 51	98267936 50
108	94250048 50	87415348 50	85003937 50	16657322 51	98244253 50
104	93120918 50	85049694 50	81972555 50	17895162 51	98300464 50
100	91993375 50	82770626 50	78930370 50	19099654 51	98416593 50
96	90863813 50	80602938 50	75877396 50	20269800 51	98578045 50
88	88579074 50	76739097 50	69739338 50	22502823 51	98995289 50
80	86212994 50	73846489 50	63559156 50	24585470 51	99489536 50
72	83678175 50	72585594 50	57338148 50	26508536 51	10001932 51
64	80831060 50	74082203 50	51078171 50	28262595 51	10055500 51
56	77435544 50	80204619 50	44781654 50	29838166 51	10107375 51
48	73112074 50	93773156 50	38451614 50	31226002 51	10155739 51
40	67295019 50	11808251 51	32091608 50	32417336 51	10199100 51
36	63605489 50	13492495 51	28901624 50	32936777 51	10218514 51
32	59274515 50	15472316 51	25705720 50	33404159 51	10236233 51
28	54227620 50	17686082 51	22504481 50	33818641 51	10252144 51
24	48417733 50	20032983 51	19298512 50	34179475 51	10266144 51
20	41835113 50	22382374 51	16088446 50	34485970 51	10278142 51
16	34513293 50	24587343 51	12874937 50	34737556 51	10288063 51
14	30597977 50	25588776 51	11267098 50	34842607 51	10292226 51
12	26530701 50	26498783 51	96586502 49	34933749 51	10295845 51
10	22327891 50	27300664 51	80496788 49	35010946 51	10298917 51
8	18008273 50	27979297 51	64402697 49	35074155 51	10301436 51
6	13592602 50	28521600 51	48305097 49	35123355 51	10303401 51
4	91033306 49	28916914 51	32204862 49	35158517 51	10304807 51
2	45642363 49	29157347 51	16102871 49	35179620 51	10305651 51
128×10^{-11}	29238029 40	29238031 51	10305931 40	35186653 51	10305932 51

Φ: 70	y_R = 30000000 51	A_o = 64029575 49	y = 90832695 50	A_{xR} = 51376905 51	Table 108
$t_R \times 128$	n_o	G_o	n_x	G_R	G_R / G_{RL}
128	10000000 51	10000000 51	10000000 51	10000000 51	10000000 51
126	99533031 50	98641924 50	98519132 50	11441975 51	99184229 50
125	99300010 50	97966311 50	97777487 50	12157435 51	98880720 50
124	99067252 50	97293155 50	97035034 50	12869166 51	98629641 50
122	98602468 50	95954762 50	95547735 50	14281325 51	98250201 50
120	98138456 50	94627928 50	94057223 50	15678190 51	97993679 50
116	97211788 50	92014454 50	91066624 50	18424948 51	97726263 50
112	96285026 50	89465488 50	88063357 50	21107312 51	97667852 50
108	95355377 50	86997152 50	85047537 50	23723083 51	97737486 50
104	94419447 50	84629797 50	82019327 50	26270040 51	97889524 50
100	93473008 50	82389192 50	78978894 50	28745920 51	98096163 50
96	92510850 50	80308056 50	75926431 50	31148466 51	98339363 50
88	90511939 50	76801926 50	69786385 50	35724393 51	98889761 50
80	88349613 50	74600172 50	63601255 50	39979487 51	99477611 50
72	85910214 50	74490509 50	57373546 50	43895653 51	10006680 51
64	83017300 50	77706767 50	51106150 50	47455207 51	10063403 51
56	79402299 50	86045928 50	44802328 50	50641277 51	10116307 51
48	74676701 50	10175268 51	38465728 50	53438009 51	10164179 51
40	68330794 50	12685313 51	32100331 50	55830967 51	10206089 51
36	64371336 50	14318223 51	28908164 50	56871963 51	10224576 51
32	59795843 50	16183585 51	25710427 50	57807357 51	10241309 51
28	54548253 50	18238061 51	22507702 50	58635855 51	10256226 51
24	48591398 50	20411338 51	19300579 50	59356304 51	10269268 51
20	41914839 50	22604877 51	16089662 50	59967659 51	10280384 51
16	34542414 50	24694246 51	12875567 50	60469086 51	10289538 51
14	30613604 50	25655706 51	11267523 50	60678333 51	10293366 51
12	26538220 50	26537025 51	96589196 49	60859820 51	10296689 51
10	22331016 50	27320006 51	80498351 49	61013519 51	10299508 51
8	18009324 50	27987535 51	64403497 49	61139352 51	10301819 51
6	13592856 50	28524286 51	48305439 49	61237250 51	10303616 51
4	91033644 49	28917450 51	32204964 49	61307218 51	10304903 51
2	45642373 49	29157385 51	16102884 49	61349197 51	10305673 51
128×10^{-11}	29238029 40	29238031 51	10305932 40	61363196 51	10305931 51

Φ: 80	y_R = 62500000 49	A_o = 44377459 50	y = 60577385 49	A_{xR} = 53129245 50	Table 109
t_R x 128	n_o	G_o	n_x	G_R	G_R / G_{RL}
128	10000000 51	10000000 51	10000000 51	10000000 51	10000000 51
126	98528683 50	99823024 50	98438944 50	10009699 51	99997023 50
125	97793545 50	99733525 50	97658422 50	10014490 51	99995547 50
124	97058762 50	99643317 50	96877911 50	10019239 51	99994042 50
122	95590288 50	99460642 50	95316894 50	10028619 51	99991036 50
120	94123331 50	99274738 50	93755890 50	10037840 51	99988017 50
116	91194279 50	98892050 50	90633958 50	10055799 51	99981894 50
112	88272223 50	98492683 50	87512096 50	10073119 51	99975704 50
108	85357868 50	98073650 50	84390331 50	10089794 51	99969384 50
104	82452053 50	97631402 50	81268660 50	10105825 51	99962936 50
100	79555680 50	97161844 50	78147090 50	10121211 51	99956358 50
96	76669830 50	96660091 50	75025627 50	10135950 51	99949631 50
88	70934779 50	95535816 50	68783054 50	10163486 51	99935703 50
80	65259181 50	94197627 50	62540990 50	10188445 51	99921257 50
72	59659819 50	92557327 50	56299450 50	10210872 51	99906745 50
64	54159920 50	90485150 50	50058422 50	10230882 51	99893261 50
56	48792371 50	87787457 50	43817746 50	10248757 51	99883556 50
48	43604423 50	84174670 50	37577013 50	10265097 51	99883420 50
40	38664563 50	79225680 50	31335278 50	10281130 51	99904751 50
36	36316887 50	76082361 50	28213472 50	10289693 51	99929872 50
32	34070398 50	72403587 50	25090550 50	10299138 51	99969628 50
28	31941827 50	68161238 50	21965988 50	10309930 51	10002852 51
24	29947037 50	63448890 50	18839129 50	10322513 51	10011085 51
20	28094145 50	58720926 50	15709205 50	10337126 51	10021890 51
16	26362449 50	55580620 50	12575456 50	10353503 51	10035012 51
14	25512408 50	56070991 50	11006955 50	10362045 51	10042142 51
12	24627931 50	60069114 50	94373216 49	10370523 51	10049361 51
10	23625744 50	71794383 50	78665651 49	10378632 51	10056375 51
8	22314737 50	10192477 51	62947462 49	10386012 51	10062835 51
6	20218453 50	17921744 51	47219822 49	10392284 51	10068374 51
4	16175117 50	35885278 51	31484475 49	10397081 51	10072638 51
2	88946972 49	54790273 51	15743657 49	10400097 51	10075330 51
128 x 10−11	57587601 40	57587601 51	10076247 40	10401126 51	10076250 51

Φ: 80	y_R = 93750000 49	A_o = 41920693 50	y = 89458405 49	A_{xR} = 54769932 50	Table 110
t_R x 128	n_o	G_o	n_x	G_R	G_R / G_{RL}
128	10000000 51	10000000 51	10000000 51	10000000 51	10000000 51
126	98570341 50	99745773 50	98439634 50	10014786 51	99995557 50
125	97856240 50	99617284 50	97659452 50	10022088 51	99993325 50
124	97142646 50	99487825 50	96879282 50	10029331 51	99991107 50
122	95716987 50	99225835 50	95318963 50	10043635 51	99986670 50
120	94293478 50	98959432 50	93758662 50	10057698 51	99982226 50
116	91453258 50	98411894 50	90638131 50	10085102 51	99973364 50
112	88622844 50	97841815 50	87517704 50	10111540 51	99964469 50
108	85803190 50	97245308 50	84397379 50	10137016 51	99955598 50
104	82995388 50	96617825 50	81277159 50	10161527 51	99946719 50
100	80200664 50	95954133 50	78157044 50	10185079 51	99937879 50
96	77420423 50	95248076 50	75037045 50	10207672 51	99929084 50
88	71909991 50	93679053 50	68797378 50	10250008 51	99911853 50
80	66479900 50	91837110 50	62558130 50	10288605 51	99895692 50
72	61151091 50	89620142 50	56319209 50	10323611 51	99882002 50
64	55951695 50	86885831 50	50080384 50	10355307 51	99873452 50
56	50919803 50	83437502 50	43841198 50	10384206 51	99874918 50
48	46106985 50	79013080 50	37600771 50	10411207 51	99894935 50
40	41581772 50	73303296 50	31357565 50	10437749 51	99947181 50
36	39453100 50	69887535 50	28234163 50	10451460 51	99991198 50
32	37428545 50	66108715 50	25109016 50	10465815 51	10005048 51
28	35517186 50	62083551 50	21981626 50	10481020 51	10012695 51
24	33721071 50	58170634 50	18851455 50	10497128 51	10022113 51
20	32022534 50	55367495 50	15718003 50	10513907 51	10033078 51
16	30348094 50	56610994 50	12580892 50	10530714 51	10044977 51
14	29456184 50	61258934 50	11010916 50	10538789 51	10050955 51
12	28444955 50	72095338 50	94400099 49	10546411 51	10056729 51
10	27172945 50	95695178 50	78682262 49	10553368 51	10062097 51
8	25339007 50	14709402 51	62956452 49	10559449 51	10066859 51
6	22289933 50	25701304 51	47223787 49	10564441 51	10070812 51
4	16909929 50	43818267 51	31485686 49	10568161 51	10073782 51
2	89321427 49	55945017 51	15743811 49	10570455 51	10075624 51
128 x 10−11	57587601 40	57587601 51	10076246 40	10571233 51	10076250 51

Φ: 80	y_R = 12500000 50	A_o = 39665834 50	y = 11743140 50	A_{xR} = 56462793 50	Table 111
t_R x 128	n_o	G_o	n_x	G_R	G_R / G_{RL}
128	10000000 51	10000000 51	10000000 51	10000000 51	10000000 51
126	98609687 50	99674919 50	98440293 50	10020034 51	99994072 50
125	97915420 50	99510699 50	97660453 50	10029931 51	99991137 50
124	97221803 50	99345304 50	96880611 50	10039747 51	99988218 50
122	95836500 50	99010778 50	95320961 50	10059134 51	99982367 50
120	94453866 50	98670929 50	93761325 50	10078199 51	99976559 50
116	91697139 50	97973566 50	90642137 50	10115350 51	99965085 50
112	88952640 50	97248667 50	87523048 50	10151231 51	99953781 50
108	86221522 50	95492295 50	84404055 50	10185816 51	99942679 50
104	83505078 50	95699042 50	81285159 50	10219118 51	99931802 50
100	80804766 50	94862927 50	78166362 50	10251145 51	99921232 50
96	78122243 50	93977055 50	75047653 50	10281903 51	99911010 50
88	72818219 50	92023021 50	68810472 50	10339664 51	99892105 50
80	67611138 50	89757383 50	62573495 50	10392546 51	99876410 50
72	62524485 50	87074035 50	56336470 50	10440795 51	99866205 50
64	57588840 50	83833057 50	50098976 50	10484822 51	99865320 50
56	52843993 50	79855806 50	43860270 50	10525285 51	99879882 50
48	48340894 50	74934529 50	37619140 50	10563.178 51	99919133 50
40	44141591 50	68896744 50	31373720 50	10599824 51	99995387 50
36	42176514 50	65470615 50	28248609 50	10618118 51	10005146 51
32	40310030 50	61877329 50	25121385 50	10636558 51	10012111 51
28	38543103 50	56365146 50	21991641 50	10655181 51	10020439 51
24	36864017 50	55538096 50	18858989 50	10673801 51	10029983 51
20	35230019 50	54918475 50	15723127 50	10692027 51	10040367 51
16	33515834 50	60776643 50	12583913 50	10709171 51	10050948 51
14	32531150 50	69680096 50	11013068 50	10717046 51	10056039 51
12	31341411 50	87353425 50	94414419 49	10724278 51	10060832 51
10	29751267 50	12225021 51	78690947 49	10730720 51	10065188 51
8	27372641 50	19136147 51	62961079 49	10736228 51	10068974 51
6	23481542 50	31826370 51	47225801 49	10740671 51	10072067 51
4	17231376 50	47900021 51	31486297 49	10743936 51	10074362 51
2	89455222 49	56364453 51	15743688 49	10745931 51	10075771 51
128 x 10^{-11}	57587601 40	57587601 51	10076246 40	10746604 51	10076249 51

Φ: 80	y_R = 13750000 50	A_o = 35678484 50	y = 17074405 50	A_{xR} = 60009464 50	Table 112
t_R x 128	n_o	G_o	n_x	G_R	G_R / G_{RL}
128	10000000 51	10000000 51	10000000 51	10000000 51	10000000 51
126	98682058 50	99549759 50	98441557 50	10031033 51	99991148 50
125	98024316 50	99322523 50	97662347 50	10046365 51	99986793 50
124	97367425 50	99093796 50	96883137 50	10061573 51	99982461 50
122	96056214 50	98631677 50	95324736 50	10091620 51	99973906 50
120	94748569 50	98162888 50	93766347 50	10121177 51	99965540 50
116	92144591 50	97203128 50	90649635 50	10178819 51	99949293 50
112	89556775 50	96209871 50	87532979 50	10234507 51	99933778 50
108	86986508 50	95177939 50	84416380 50	10288250 51	99919051 50
104	84435390 50	94101394 50	81299623 50	10340039 51	99905207 50
100	81905141 50	92973655 50	78183284 50	10389954 51	99892416 50
96	79397715 50	91787254 50	75066743 50	10437931 51	99880808 50
88	74460244 50	89203931 50	68833523 50	10528359 51	99862068 50
80	69643413 50	86271709 50	62599838 50	10611547 51	99851271 50
72	64972643 50	82892523 50	56365149 50	10687908 51	99851893 50
64	60479235 50	78951313 50	50128702 50	10757985 51	99868726 50
56	56200922 50	74328030 50	43889378 50	10822499 51	99908146 50
48	52180826 50	68940416 50	37645641 50	10882291 51	99977611 50
40	48461353 50	62880312 50	31395550 50	10938118 51	10008376 51
36	46722634 50	59771267 50	28267429 50	10964653 51	10015151 51
32	45061480 50	56879368 50	25136897 50	10990196 51	10022834 51
28	43463324 50	54692730 50	22003714 50	11014573 51	10031270 51
24	41890386 50	54282039 50	18867715 50	11037481 51	10040182 51
20	40251813 50	58201494 50	15728841 50	11058470 51	10049165 51
16	38321619 50	73330266 50	12587165 50	11076978 51	10057713 51
14	37084549 50	90551318 50	11015347 50	11085099 51	10061643 51
12	35478455 50	12101459 51	94429363 49	11092353 51	10065242 51
10	33223004 50	17498899 51	78699905 49	11098656 51	10068436 51
8	29839608 50	26685857 51	62965796 49	11103935 51	10071158 51
6	24686853 50	39743346 51	47227836 49	11108117 51	10073344 51
4	17490494 50	51511806 51	31486910 49	11111147 51	10074943 51
2	89551692 49	56669145 51	15743965 49	11112982 51	10075918 51
128 x 10^{-11}	57587601 40	57587601 51	10076247 40	11113600 51	10076248 51

Table 113

Φ: 80	$y_R =$ 25000000 50	$A_o =$ 32274272 50	$y =$ 22069555 50	$A_{xR} =$ 63777954 50	
$t_R \times 128$	n_o	G_o	n_x	G_R	G_R / G_{RL}
128	10000000 51	10000000 51	10000000 51	10000000 51	10000000 51
126	98747165 50	99443022 50	98442730 50	10042722 51	99988232 50
125	98122217 50	99162148 50	97664105 50	10063931 51	99982465 50
124	97498284 50	98879599 50	96885479 50	10084773 51	99976772 50
122	96253492 50	98309242 50	95328221 50	10126159 51	99965665 50
120	95012963 50	97731392 50	93770981 50	10166877 51	99954884 50
116	92545326 50	96550984 50	90656503 50	10246320 51	99934351 50
112	90096781 50	95333500 50	87542007 50	10323120 51	99915311 50
108	87668907 50	94073504 50	84427482 50	10397294 51	99897876 50
104	85263393 50	92765054 50	81312891 50	10468862 51	99882180 50
100	82882117 50	91401530 50	78198211 50	10537847 51	99868391 50
96	80527163 50	89975650 50	75083387 50	10604281 51	99856782 50
88	75905466 50	86904322 50	68853117 50	10729632 51	99841114 50
80	71419219 50	83479097 50	62621552 50	10845260 51	99837971 50
72	67093390 50	79619017 50	56387964 50	10951613 51	99851011 50
64	62957095 50	75242687 50	50151364 50	11049240 51	99884804 50
56	59042856 50	70293164 50	43910497 50	11138739 51	99944262 50
48	55383000 50	64805732 50	37663809 50	11220638 51	10003372 51
40	51998678 50	59102542 50	31409586 50	11295144 51	10015469 51
36	50406145 50	56483264 50	28279130 50	11329509 51	10022591 51
32	48865793 50	54436941 50	25146209 50	11361771 51	10030273 51
28	47348709 50	53676306 50	22010717 50	11391687 51	10038302 51
24	45792705 50	55722585 50	18872611 50	11418940 51	10046403 51
20	44061127 50	64130513 50	15731944 50	11443145 51	10054244 51
16	41832270 50	88183220 50	12588881 50	11463848 51	10061432 51
14	40309585 50	11306111 51	11016535 50	11472742 51	10064657 51
12	38272561 50	15439318 51	94437060 49	11480585 51	10067569 51
10	35391823 50	22179799 51	78704471 49	11487325 51	10070122 51
8	31192133 50	32242178 51	62968182 49	11492915 51	10072274 51
6	25231879 50	44052212 51	47228857 49	11497311 51	10073990 51
4	17588211 50	52955667 51	31487216 49	11500475 51	10075237 51
2	89585634 49	56776798 51	15744003 49	11502385 51	10075995 51
128×10^{-11}	57587601 40	57587601 51	10076246 40	11503024 51	10076249 51

Table 114

Φ: 80	$y_R =$ 37500000 50	$A_o =$ 26805724 50	$y =$ 31122235 50	$A_{xR} =$ 72014659 50	
$t_R \times 128$	n_o	G_o	n_x	G_R	G_R / G_{RL}
128	10000000 51	10000000 51	10000000 51	10000000 51	10000000 51
126	98859511 50	99271812 50	98444850 50	10068273 51	99982354 50
125	98291074 50	98905107 50	97667270 50	10102017 51	99973834 50
124	97723867 50	98536573 50	96889678 50	10135500 51	99965519 50
122	96593233 50	97793756 50	95334464 50	10201687 51	99949524 50
120	95467781 50	97042834 50	93779218 50	10266831 51	99934307 50
116	93233142 50	95514452 50	90668573 50	10394016 51	99906438 50
112	91021464 50	93946726 50	87557709 50	10517080 51	99881960 50
108	88834362 50	92334647 50	84446562 50	10636053 51	99861035 50
104	86673616 50	90672829 50	81335094 50	10750964 51	99843756 50
100	84541109 50	88955586 50	78223227 50	10861850 51	99830354 50
96	82438883 50	87176928 50	75110893 50	10968753 51	99821057 50
88	78334121 50	83410567 50	68884489 50	11170772 51	99815724 50
80	74378513 50	79324338 50	62655106 50	11357390 51	99830065 50
72	70593182 50	74876101 50	56421803 50	11528993 51	99866541 50
64	67000150 50	70049657 50	50183492 50	11685928 51	99927316 50
56	63619334 50	64898118 50	43938970 50	11828403 51	10001351 51
48	60461273 50	59650955 50	37687001 50	11956357 51	10012415 51
40	57508225 50	55012750 50	31426514 50	12069287 51	10025484 51
36	56083674 50	53478425 50	28292837 50	12119798 51	10032507 51
32	54659765 50	53156101 50	25156819 50	12166086 51	10039652 51
28	53181608 50	55181882 50	22018479 50	12207916 51	10046734 51
24	51541924 50	61929688 50	18877897 50	12245015 51	10053534 51
20	49519094 50	78780726 50	15735219 50	12277096 51	10059829 51
16	46621093 50	11883890 51	12590657 50	12303857 51	10065381 51
14	44528715 50	15620819 51	11017754 50	12315156 51	10067809 51
12	41702158 50	21258061 51	94444894 49	12325019 51	10069970 51
10	37804764 50	29230573 51	78709079 49	12333422 51	10071842 51
8	32499044 50	38936028 51	62970581 49	12340334 51	10073403 51
6	25681253 50	48021986 51	47229882 49	12345736 51	10074638 51
4	17660527 50	54054833 51	31487521 49	12349605 51	10075527 51
2	89609938 49	56854035 51	15744042 49	12351934 51	10076068 51
128×10^{-11}	57587601 40	57587601 51	10076246 40	12352713 51	10076249 51

Φ: 80	y_R = 50000000 50	A_o = 22646791 50	y = 39038820 50	A_{xR} = 81239625 50	*Table 115*
t_R x 128	n_o	G_o	n_x	G_R	G_R / G_{RL}
128	10000000 51	10000000 51	10000000 51	10000000 51	10000000 51
126	98953027 50	99141844 50	98446700 50	10096893 51	99976375 50
125	98431543 50	98710160 50	97670018 50	10144794 51	99965137 50
124	97911427 50	98276647 50	96893307 50	10192330 51	99954261 50
122	96875368 50	97403948 50	95339834 50	10286311 51	99933597 50
120	95845031 50	96523235 50	93786246 50	10378844 51	99914409 50
116	93802204 50	94735835 50	90678770 50	10559568 51	99880309 50
112	91784394 50	92910380 50	87570791 50	10734537 51	99851932 50
108	89793183 50	91042585 50	84462261 50	10903782 51	99829232 50
104	87830226 50	89128069 50	81353089 50	11067341 51	99812241 50
100	85897273 50	87162409 50	78243200 50	11225246 51	99800980 50
96	83996168 50	85141206 50	75132509 50	11377539 51	99795542 50
88	80297278 50	80915791 50	68908299 50	11665427 51	99802396 50
80	76749675 50	76424892 50	62679616 50	11931275 51	99833422 50
72	73369648 50	71660873 50	56445518 50	12175288 51	99888923 50
64	70171620 50	66661144 50	50205010 50	12397536 51	99968391 50
56	67163637 50	61565718 50	43957137 50	12597862 51	10006984 51
48	64337216 50	56758490 50	37701077 50	12775797 51	10018922 51
40	61641522 50	53264411 50	31436282 50	12930476 51	10031983 51
36	60299626 50	52781806 50	28300557 50	12998710 51	10038651 51
32	58910340 50	54079670 50	25162655 50	13060615 51	10045221 51
28	57395422 50	58686015 50	22022654 50	13115984 51	10051546 51
24	55606749 50	69744643 50	18880684 50	13164587 51	10057462 51
20	53247338 50	94145086 50	15736915 50	13206196 51	10062807 51
16	49688523 50	14727965 51	12591561 50	13240597 51	10067432 51
14	47086546 50	19318810 51	11018370 50	13255031 51	10069429 51
12	43619683 50	25695316 51	94448845 49	13267587 51	10071193 51
10	39008612 50	33747288 51	78711394 49	13278248 51	10072711 51
8	33066554 50	42353409 51	62971775 49	13286995 51	10073969 51
6	25853385 50	49654439 51	47230395 49	13293813 51	10074959 51
4	17666360 50	54454008 51	31487675 49	13298694 51	10075673 51
2	89618455 49	56881129 51	15744061 49	13301626 51	10076104 51
128 x 10^{-11}	57587601 40	57587601 51	10076247 40	13302604 51	10076249 51

Φ: 80	y_R = 75000000 50	A_o = 16842879 50	y = 51975035 50	A_{xR} = 10290202 51	*Table 116*
t_R x 128	n_o	G_o	n_x	G_R	G_R / G_{RL}
128	10000000 51	10000000 51	10000000 51	10000000 51	10000000 51
126	99099768 50	98960851 50	98449682 50	10164111 51	99963906 50
125	98651836 50	98438955 50	97674446 50	10245260 51	99947125 50
124	98205375 50	97915467 50	96899152 50	10325807 51	99931171 50
122	97316941 50	96863521 50	95348401 50	10485090 51	99901624 50
120	96434634 50	95804639 50	93797420 50	10641967 51	99875160 50
116	94688978 50	93664719 50	90694725 50	10948507 51	99830921 50
112	92969660 50	91492949 50	87590968 50	11245455 51	99797600 50
108	91277963 50	89286706 50	84486078 50	11532827 51	99774390 50
104	89615208 50	87043586 50	81379973 50	11810646 51	99760672 50
100	87982734 50	84761499 50	78272549 50	12078924 51	99755857 50
96	86381888 50	82438879 50	75163717 50	12337671 51	99759433 50
88	83280354 50	77669760 50	68941464 50	12826578 51	99789849 50
80	80320444 50	72744906 50	62712469 50	13277292 51	99848167 50
72	77509474 50	67708500 50	56476036 50	13689577 51	99930499 50
64	74848930 50	62676714 50	50231570 50	14062982 51	10003232 51
56	72327701 50	57919552 50	43978644 50	14396824 51	10014830 51
48	69906893 50	54065039 50	37717060 50	14690171 51	10027219 51
40	67482306 50	52681078 50	31446944 50	14941850 51	10039670 51
36	66195132 50	54068697 50	28308830 50	15051648 51	10045674 51
32	64776793 50	58224379 50	25168798 50	15150520 51	10051397 51
28	63108321 50	67358765 50	22026980 50	15238282 51	10056735 51
24	60971528 50	85856150 50	18883529 50	15314763 51	10061592 51
20	57949383 50	12253547 51	15738623 50	15379795 51	10065877 51
16	53242511 50	19330785 51	12592463 50	15433233 51	10069507 51
14	49855313 50	24710004 51	11018982 50	15455562 51	10071055 51
12	45517253 50	31295235 51	94452736 49	15474939 51	10072409 51
10	40079862 50	38512569 51	78713668 49	15491363 51	10073570 51
8	33522130 50	45364277 51	62972950 49	15504812 51	10074526 51
6	25981801 50	50915796 51	47230886 49	15515286 51	10075278 51
4	17704984 50	54743938 51	31487820 49	15522769 51	10075815 51
2	89624541 49	56900506 51	15744080 49	15527262 51	10076140 51
128 x 10^{-11}	57587601 40	57587601 51	10076246 40	15528761 51	10076249 51

Φ: 80	y_R = 10000000 51	A_o = 13076925 50	y = 61803400 50	A_{xR} = 12921333 51	Table 117
t_R x 128	n_o	G_o	n_x	G_R	G_R / G_{RL}
128	10000000 51	10000000 51	10000000 51	10000000 51	10000000 51
126	99209673 50	98843671 50	98451940 50	10245755 51	99950365 50
125	98816699 50	98263604 50	97677781 50	10367293 51	99927806 50
124	98425194 50	97682219 50	96903528 50	10487938 51	99906675 50
122	97646684 50	96515407 50	95354777 50	10726550 51	99868472 50
120	96874266 50	95342997 50	93805664 50	10961592 51	99835359 50
116	95348194 50	92980531 50	90706302 50	11420960 51	99782960 50
112	93847968 50	90593253 50	87605388 50	11866041 51	99747035 50
108	92374568 50	88179873 50	84502840 50	12296820 51	99725530 50
104	90928963 50	85739555 50	81398577 50	12713281 51	99716747 50
100	89512117 50	83272019 50	78292518 50	13115399 51	99719266 50
96	88124903 50	80777774 50	75184589 50	13503137 51	99731806 50
88	85442473 50	75717058 50	68962868 50	14235288 51	99782614 50
80	82886256 50	70591144 50	62732917 50	14909246 51	99861346 50
72	80456496 50	65480271 50	56494347 50	15524340 51	99961044 50
64	78144840 50	60556820 50	50246930 50	16079698 51	10007512 51
56	75925719 50	56188920 50	43990635 50	16574276 51	10019717 51
48	73736966 50	53202092 50	37725673 50	17006848 51	10032065 51
40	71431609 50	53628285 50	31452513 50	17376087 51	10043914 51
36	70136494 50	56605752 50	28313083 50	17536531 51	10049458 51
32	68639878 50	63186280 50	25171917 50	17680630 51	10054648 51
28	66788691 50	76122257 50	22029151 50	17808216 51	10059410 51
24	64309281 50	10062001 51	18884940 50	17919143 51	10063683 51
20	60704089 50	14610186 51	15739463 50	18013263 51	10067406 51
16	55113201 .50	22577914 51	12592903 50	18090456 51	10070528 51
14	51203872 50	28068900 51	11019281 50	18122667 51	10071848 51
12	46361288 50	34292545 51	94454630 49	18150608 51	10073002 51
10	40514438 50	40686429 51	78714779 49	18174268 51	10073986 51
8	33693494 50	46564765 51	62973521 49	18193642 51	10074798 51
6	26027898 50	51377984 51	47231135 49	18208715 51	10075431 51
4	17711538 50	54846378 51	31487894 49	18219485 51	10075884 51
2	89626672 49	56907287 51	15744091 49	18225949 51	10076157 51
128 x 10^{-11}	57587601 40	57587601 51	10076247 40	18228106 51	10076249 51

Φ: 80	y_R = 15000000 51	A_o = 86505360 49	y = 75000000 50	A_{xR} = 19717087 51	Table 118
t_R x 128	n_o	G_o	n_x	G_R	G_R / G_{RL}
128	10000000 51	10000000 51	10000000 51	10000000 51	10000000 51
126	99363285 50	98706287 50	98454929 50	10456628 51	99919160 50
125	99046963 50	98058262 50	97682185 50	10682479 51	99883991 50
124	98732007 50	97409439 50	96909303 50	10906685 51	99851998 50
122	98106243 50	96109370 50	95363127 50	11350161 51	99796629 50
120	97486078 50	94806018 50	93816376 50	11787048 51	99751540 50
116	96252763 50	92189453 50	90721159 50	12640989 51	99687122 50
112	95062651 50	89559744 50	87623620 50	13469408 51	99650649 50
108	93886214 50	86917483 50	84523702 50	14269185 51	99636185 50
104	92733891 50	84263894 50	81421386 50	15043196 51	99639275 50
100	91606016 50	81601065 50	78316632 50	15790305 51	99656536 50
96	90502785 50	78932220 50	75209423 50	16510364 51	99685217 50
88	88370191 50	73597373 50	68987578 50	17868694 51	99768494 50
80	86333213 50	68325602 50	62755821 50	19116813 51	99875594 50
72	84382206 50	63245725 50	56514257 50	20253216 51	99996588 50
64	82495070 50	58610666 50	50263162 50	21276287 51	10012370 51
56	80625458 50	54939584 50	44002981 50	22184341 51	10025050 51
48	78676238 50	53380104 50	37734317 50	22975683 51	10037158 51
40	76432903 50	56739770 50	31457978 50	23648656 51	10048225 51
36	75061350 50	62291303 50	28317222 50	23940258 51	10053240 51
32	73376090 50	72756936 50	25174922 50	24201696 51	10057848 51
28	71172625 50	91563640 50	22031225 50	24432801 51	10062010 51
24	68105104 50	12447685 51	18886280 50	24633422 51	10065692 51
20	63607752 50	17971482 51	15740255 50	24803419 51	10068861 51
16	56868716 50	26377578 51	12593316 50	24942672 51	10071489 51
14	52383998 50	31541821 51	11019559 50	25000745 51	10072597 51
12	47050584 50	37028012 51	94456390 49	25051092 51	10073560 51
10	40849115 50	42468659 51	78715806 49	25093710 51	10074378 51
8	33820153 50	47477517 51	62974048 49	25128589 51	10075049 51
6	26061205 50	51715084 51	47231354 49	25155723 51	10075573 51
4	17716229 50	54919863 51	31487959 49	25175109 51	10075948 51
2	89628192 49	56912131 51	15744099 49	25186738 51	10076171 51
128 x 10^{-11}	57587601 40	57587601 51	10076247 40	25190621 51	10076248 51

Φ: 80	y_R = 20000000 51	A_o = 62487105 49	y = 82842710 50	A_{xR} = 28715566 51	*Table 119*
t_R x 128	n_o	G_o	n_x	G_R	G_R / G_{RL}
128	10000000 51	10000000 51	10000000 51	10000000 51	10000000 51
126	99465522 50	98631937 50	98456686 50	10735843 51	99881789 50
125	99200107 50	97947282 50	97684774 50	11099804 51	99832737 50
124	98935928 50	97262194 50	96912677 50	11461124 51	99789453 50
122	98411243 50	95890835 50	95367971 50	12175820 51	99717795 50
120	97891528 50	94517880 50	93822561 50	12879902 51	99662931 50
116	96867096 50	91767641 50	90729634 50	14256092 51	99592224 50
112	95862883 50	89012536 50	87633880 50	15589451 51	99560221 50
108	94879038 50	86254268 50	84535302 50	16879723 51	99555966 50
104	93915608 50	83495331 50	81433905 50	18126644 51	99572025 50
100	92972531 50	80739246 50	78329697 50	19329932 51	99603168 50
96	92049540 50	77990906 50	75222706 50	20489310 51	99645587 50
88	90261669 50	72546521 50	69000465 50	22675178 51	99753519 50
80	88544156 50	67249547 50	62767475 50	24681875 51	99879656 50
72	86880803 50	62262529 50	56524158 50	26506995 51	10001351 51
64	85240070 50	57898474 50	50271059 50	28148106 51	10014767 51
56	83560680 50	54796125 50	44008862 50	29602839 51	10027660 51
48	81718939 50	54366267 50	37738367 50	30868914 51	10039602 51
40	79447213 50	60040503 50	31460493 50	31944220 51	10050249 51
36	77978495 50	67597326 50	28319114 50	32409722 51	10054997 51
32	76110833 50	80983821 50	25176287 50	32826839 51	10059322 51
28	73607039 50	10385037 51	22032159 50	33195366 51	10063198 51
24	70089002 50	14161064 51	18886880 50	33515132 51	10066602 51
20	64994455 50	20041205 51	15740607 50	33785971 51	10069516 51
16	57615179 50	28280184 51	12593499 50	34007750 51	10071919 51
14	52857091 50	33103392 51	11019682 50	34100216 51	10072929 51
12	47313034 50	38146420 51	94457165 49	34180375 51	10073807 51
10	40971645 50	43146308 51	78716257 49	34248215 51	10074550 51
8	33865368 50	47808751 51	62974277 49	34303736 51	10075160 51
6	26072939 50	51834478 51	47231448 49	34346922 51	10075635 51
4	17717874 50	54945656 51	31487986 49	34377776 51	10075975 51
2	89628731 49	56913830 51	15744100 49	34396294 51	10076180 51
128 x 10^{-11}	57587601 40	57587601 51	10076246 40	34402464 51	10076248 51

Φ: 80	y_R = 30000000 51	A_o = 38663140 49	y = 90832695 50	A_{xR} = 53726207 51	*Table 120*
t_R x 128	n_o	G_o	n_x	G_R	G_R / G_{RL}
128	10000000 51	10000000 51	10000000 51	10000000 51	10000000 51
126	99593087 50	98558384 50	98458477 50	11511878 51	99790180 50
125	99391084 50	97837624 50	97687396 50	12259687 51	99712372 50
124	99190032 50	97116956 50	96916092 50	13002066 51	99648190 50
122	98790834 50	95675875 50	95372849 50	14470493 51	99551606 50
120	98395491 50	94235321 50	93828760 50	15917085 51	99486849 50
116	97616302 50	91356766 50	90738025 50	18744412 51	99420706 50
112	96852315 50	88483514 50	87643943 50	21483429 51	99408222 50
108	96103268 50	85618564 50	84546566 50	24133491 51	99428339 50
104	95368772 50	82765884 50	81445952 50	26693974 51	99469221 50
100	94648227 50	79930744 50	78342159 50	29164230 51	99523656 50
96	93940830 50	77120077 50	75235260 50	31543639 51	99586970 50
88	92560731 50	71611696 50	69012448 50	36027442 51	99728640 50
80	91214463 50	66356678 50	62778145 50	40140460 51	99878147 50
72	89877251 50	61566588 50	56533089 50	43878003 51	10002656 51
64	88504560 50	57646928 50	50278088 50	47235567 51	10016826 51
56	87013373 50	55425934 50	44014036 50	50208934 51	10029940 51
48	85239788 50	56726603 50	37741885 50	52794257 51	10041734 51
40	82836081 50	65871828 50	31462663 50	54988039 51	10051999 51
36	81181347 50	76278512 50	28320738 50	55937138 51	10056511 51
32	79012103 50	93463106 50	25177454 50	56787263 51	10060587 51
28	76064673 50	12079849 51	22032958 50	57538097 51	10064213 51
24	71958836 50	16238001 51	18887394 50	58189368 51	10067376 51
20	66194488 50	22173339 51	15740909 50	58740850 51	10070070 51
16	58207503 50	29939135 51	12593656 50	59192349 51	10072286 51
14	53219113 50	34373374 51	11019787 50	59380537 51	10073210 51
12	47508253 50	39008181 51	94457842 49	59543668 51	10074013 51
10	41061010 50	43649405 51	78716642 49	59681747 51	10074696 51
8	33897955 50	48049263 51	62974474 49	59794731 51	10075254 51
6	26081344 50	51920212 51	47231536 49	59882601 51	10075687 51
4	17719049 50	54964086 51	31488014 49	59945395 51	10076000 51
2	89629109 49	56915047 51	15744104 49	59983066 51	10076185 51
128 x 10^{-11}	57587601 40	57587601 51	10076247 40	59995629 51	10076249 51

$\Phi = 10.0$	$f_H/f_{co} =$ 93100000 49	$f_H/f_{cx} =$ 88867010 49	Table	121
y_R / y	f_R/f_{co} / f_x/f_{cx}	$\left\{\frac{h'}{Y_m}\cos\right\}^o_x$	$\left\{\frac{h'}{Y_m}\text{Par.}\right\}^o_x$	$\left\{\frac{h'}{Y_m}\text{Epst.}\right\}^o_x$
93567839 49	99500000 50	18113034 51	20060518 51	15503196 51
89292710 49	99523253 50	22369957 51	25072063 51	18832743 51
94040404 49	99000000 50	15055073 51	16417659 51	13135202 51
89722500 49	99046516 50	18353926 51	20289224 51	15719804 51
95000000 49	98000000 50	11939252 51	12684875 51	10743785 51
90594610 49	98093043 50	14416329 51	15570948 51	12694696 51
98000000 49	95000000 50	76489857 50	75146270 50	74986287 50
93315575 49	95232773 50	92741217 50	93601950 50	88064027 50
10579545 50	88000000 50	31816417 50	21745680 50	41668013 50
10034703 50	88559681 50	42390057 50	32931060 50	50752613 50
12250000 50	76000000 50	86761333 49*	23897920 50*	10855847 50
11522644 50	77123801 50	11112233 49*	16983410 50*	18349327 50
16051724 50	58000000 50	47608017 50*	61380540 50*	22273243 50*
14815050 50	59984279 50	41666867 50*	57277530 50*	14473583 50*
23275000 50	40000000 50	77466163 50*	82962650 50*	54894057 50*
20723450 50	42882343 50	72192407 50*	80502820 50*	44553577 50*
37240000 50	25000000 50	99338810 50*	93578080 50*	89854520 50*
30945975 50	28716823 50	94245090 50*	92135750 50*	73157660 50*
93100000 50	10000000 50	11991501 51*	98990510 50*	15271441 51*
59354675 50	14972201 50	11408942 51*	98361440 50*	10129356 51*
23275000 51	40000000 49	12797700 51*	99839440 50*	21407180 51*
86263525 50	10301806 50	11868990 51*	99445650 50*	11587333 49*

$\Phi = 10.0$	$f_H/f_{co} =$ 18620000 50	$f_H/f_{cx} =$ 16967000 50	Table	122
y_R / y	f_R/f_{co} / f_x/f_{cx}	$\left\{\frac{h'}{Y_m}\cos\right\}^o_x$	$\left\{\frac{h'}{Y_m}\text{Par.}\right\}^o_x$	$\left\{\frac{h'}{Y_m}\text{Epst.}\right\}^o_x$
18713568 50	99500000 50	18136405 51	20084996 51	15522859 51
17044319 50	99546365 50	24594700 51	27611665 51	20634193 51
18808081 50	99000000 50	15077714 51	16441214 51	13154357 51
17122344 50	99092741 50	20287137 51	22479112 51	17297000 51
19000000 50	98000000 50	11960637 51	12706841 51	10762086 51
17280545 50	98185561 50	16049579 51	17396683 51	14044697 51
19600000 50	95000000 50	76675457 50	75329820 50	75150787 50
17773094 50	95464526 50	10520029 51	10703456 51	98740660 50
21159091 50	88000000 50	31959997 50	21875300 50	41807360 50
19038639 50	89118765 50	51585797 50	42048270 50	59330087 50
24500000 50	76000000 50	85759233 49*	23822030 50*	10972973 50
21681891 50	78254245 50	60336167 49	10931900 50*	26180760 50
32103448 50	58000000 50	47549753 50*	61348660 50*	22175857 50*
27361246 50	62011065 50	35689610 50*	53482370 50*	56516500 49*
46550000 50	40000000 50	77438440 50*	82952900 50*	54818643 50*
36959725 50	45906727 50	66526777 50*	78070750 50*	32024130 50*
74480000 50	25000000 50	99329300 50*	93576100 50*	89808353 50*
51740535 50	32792471 50	88106840 50*	90514760 50*	50812533 50*
18620000 51	10000000 50	11991421 51*	98990550 50*	15270372 51*
81051855 50	20933512 50	10384475 51*	97289020 50*	62516333 49*
46550000 51	40000000 49	12797695 51*	99839440 50*	21406993 51*
95767500 50	17716866 50	95216753 50*	98477650 50*	54426010 51

$\Phi =$ 10.0	$f_H/f_{co} =$ 37240000 50	$f_H/f_{cx} =$ 30945970 50	Table 123	
y_R / y	f_R/f_{co} / f_x/f_{cx}	$\left\{\dfrac{h'}{Y_m}\cos\right\}_x^o$	$\left\{\dfrac{h'}{Y_m}Par.\right\}_x^o$	$\left\{\dfrac{h'}{Y_m}Epst.\right\}_x^o$
37427136 50	99500000 50	18150299 51	20098063 51	15536691 51
31072888 50	99591564 50	28703647 51	32228533 51	24044440 51
37616162 50	99000000 50	15091263 51	.16453864 51	13167953 51
31200826 50	99183191 50	23869630 51	26464335 51	20303017 51
38000000 50	98000000 50	11973568 51	12718741 51	10775256 51
31459818 50	98366669 50	19109220 51	20746058 51	16656779 51
39200000 50	95000000 50	76789537 50	75430500 50	75272253 50
32262657 50	95918867 50	12918385 51	13224498 51	12011725 51
42318182 50	88000000 50	32048377 50	21946060 50	41911820 50
34300975 50	90218937 50	70012837 50	59783720 50	77343873 50
49000000 50	76000000 50	85173233 49*	23782740 50*	11056953 50
38444183 50	80495858 50	21030957 50	13801600 49	43478347 50
64206897 50	58000000 50	47520417 50*	61334330 50*	22116763 50*
46821827 50	66093053 50	22264293 50*	45187370 50*	15112217 50
93100000 50	40000000 50	77427267 50*	82949290 50*	54783677 50*
59354675 50	52137384 50	52444420 50*	72133030 50*	16945667 48
14896000 51	25000000 50	99326243 50*	93575500 50*	89792300 50*
74790870 50	41376675 50	70367927 50*	85865770 50*	14803413 50
37240000 51	10000000 50	11991400 51*	98990540 50*	15270087 51*
93672845 50	33036228 50	65898327 50*	93318480 50*	34631997 51
93100000 51	40000000 49	12797693 51*	99838440 50*	21406947 51*
98872155 50	31298979 50	18755333 49*	94512780 50*	27132580 52

$\Phi =$ 10.0	$f_H/f_{co} =$ 74480000 50	$f_H/f_{cx} =$ 51740530 50	Table 124	
y_R / y	f_R/f_{co} / f_x/f_{cx}	$\left\{\dfrac{h'}{Y_m}\cos\right\}_x^o$	$\left\{\dfrac{h'}{Y_m}Par.\right\}_x^o$	$\left\{\dfrac{h'}{Y_m}Epst.\right\}_x^o$
74854271 50	99500000 50	18156058 51	20103028 51	15543296 51
51909455 50	99674587 50	38069613 51	42674135 51	31932097 51
75232323 50	99000000 50	15096885 51	16458677 51	13174452 51
52079370 50	99349387 50	32013147 51	35443494 51	27252513 51
76000000 50	98000000 50	11978944 51	12723274 51	10781565 51
52422240 50	98699588 50	26075117 51	28292058 51	22721340 51
78400000 50	95000000 50	76836877 50	75468840 50	75330313 50
53475660 50	96755300 50	18448404 51	18963150 51	17058200 51
84636364 50	88000000 50	32084317 50	21972530 50	41960560 50
56086320 50	92251613 50	11383632 51	10135404 51	12134289 51
98000000 50	76000000 50	84948933 49*	23768830 50*	11093347 50
61112580 50	84664295 50	58603627 50	31804550 50	87952487 50
12841379 51	58000000 50	47510470 50*	61329730 50*	22094723 50*
70154170 50	73752615 50	14594357 50	22627970 50*	73219810 50
18620000 51	40000000 50	77423940 50*	82948250 50*	54772657 50*
81051855 50	63836337 50	86762433 49*	53756190 50*	10120252 51
29792000 51	25000000 50	99325417 50*	93575390 50*	89787833 50*
90726070 50	57029402 50	74981633 49*	69405770 50*	24804460 51
74480000 51	10000000 50	11991395 51*	98990430 50*	15270013 51*
98259530 50	52657015 50	84061567 50	77629410 50*	17398176 52
18620000 52	40000000 49	12797693 51*	99838440 50*	21406933 51*
99712895 50	51889512 50	37145227 51	78758760 50*	11434410 53

$\Phi =$ 20.0	$f_H/f_{co} =$ 93100000 49	$f_H/f_{cx} =$ 88867010 49	Table 125	
y_R y	f_R/f_{co} f_x/f_{cx}	$\left\{\frac{h'}{Y_m}\cos\right\}_{o,x}$	$\left\{\frac{h'}{Y_m}\text{Par.}\right\}_{o,x}$	$\left\{\frac{h'}{Y_m}\text{Epst.}\right\}_{o,x}$
93567839 49	99500000 50	18672380 51	20737110 51	15918118 51
89292710 49	99523253 50	21824827 51	24414144 51	18426277 51
94040404 49	99000000 50	15490237 51	16946397 51	13453485 51
89722500 49	99046516 50	17939129 51	19786332 51	15414836 51
95000000 49	98000000 50	12262212 51	13079021 51	10975284 51
90594610 49	98093043 50	14114702 51	15203632 51	12477339 51
98000000 49	95000000 50	78493347 50	77592870 50	76364907 50
93315575 49	95232773 50	90907947 50	91368420 50	86794833 50
10579545 50	88000000 50	32977427 50	23124670 50	42422787 50
10034703 50	88559681 50	41338587 50	31685970 50	50062793 50
12250000 50	76000000 50	79576233 49*	23124790 50*	11308740 50
11522644 50	77123801 50	17592533 49*	17678560 50*	17934973 50
16051724 50	58000000 50	47129797 50*	60977920 50*	21936490 50*
14815050 50	59984279 50	42095670 50*	57638960 50*	14778957 50*
23275000 50	40000000 50	77109470 50*	82759190 50*	54530297 50*
20723450 50	42882343 50	72509967 50*	80686510 50*	44869917 50*
37240000 50	25000000 50	99070133 50*	93486870 50*	89351200 50*
30945975 50	28716823 50	94485637 50*	92220640 50*	73565407 50*
93100000 50	10000000 50	11977587 51*	98973170 50*	15188573 51*
59354675 50	14972201 50	11423439 51*	98381760 50*	10190235 51*
23275000 51	40000000 49	12791680 51*	99834500 50*	21309947 51*
86263525 50	10301806 50	11880499 51*	99451710 50*	18527333 49*

$\Phi =$ 20.0	$f_H/f_{co} =$ 18620000 50	$f_H/f_{cx} =$ 16967000 50	Table 126	
y_R y	f_R/f_{co} f_x/f_{cx}	$\left\{\frac{h'}{Y_m}\cos\right\}_{o,x}$	$\left\{\frac{h'}{Y_m}\text{Par.}\right\}_{o,x}$	$\left\{\frac{h'}{Y_m}\text{Epst.}\right\}_{o,x}$
18713568 50	99500000 50	18796539 51	20879277 51	16011009 51
17044319 50	99546365 50	23917337 51	26797053 51	20130093 51
18808081 50	99000000 50	15608265 51	17080949 51	13541854 51
17122344 50	99092741 50	19756457 51	21839193 51	16906985 51
19000000 50	98000000 50	12370558 51	13201432 51	11056610 51
17280545 50	98185561 50	15650251 51	16914438 51	13756130 51
19600000 50	95000000 50	79385647 50	78572790 50	77043507 50
17773094 50	95464526 50	10264510 51	10396876 51	96948733 50
21159091 50	88000000 50	33634797 50	23794120 50	42949127 50
19038639 50	89118765 50	50045507 50	40272860 50	58280113 50
24500000 50	76000000 50	74983933 49*	22725280 50*	11732080 50
21681891 50	78254245 50	50563367 49	11939030 50*	25500867 50
32103448 50	58000000 50	46834083 50*	60789610 50*	21557790 50*
27361246 50	62011065 50	36335153 50*	54000330 50*	61811700 49*
46550000 50	40000000 50	76933867 50*	82687560 50*	54159023 50*
36959725 50	45906727 50	66988627 50*	78326630 50*	32555217 50*
74480000 50	25000000 50	98986877 50*	93467590 50*	89018913 50*
51740535 50	32792471 50	88442960 50*	90631620 50*	51411107 50*
18620000 51	10000000 50	11976456 51*	98972150 50*	15174587 51*
81051855 50	20933512 50	10407653 51*	97322470 50*	69430467 49*
46550000 51	40000000 49	12791590 51*	99835470 50*	21306967 51*
95767500 50	17716866 50	95516257 50*	98487280 50*	54354390 51

$\Phi =$	$f_H/f_{co} =$	$f_H/f_{cx} =$	Table 127	
20.0	37240000 50	30945970 50		
y_R y	f_R/f_{co} f_x/f_{cx}	$\left\{\frac{h'}{Y_m}\cos\right\}_{x}^{o}$	$\left\{\frac{h'}{Y_m}\text{Par.}\right\}_{x}^{o}$	$\left\{\frac{h'}{Y_m}\text{Epst.}\right\}_{x}^{o}$
37427136 50 31072888 50	99500000 50 99591564 50	18892917 51 27865410 51	20981175 51 31225924 51	16091284 51 23418283 51
37616162 50 31200826 50	99000000 50 99183191 50	15701481 51 23200613 51	17178870 51 25663396 51	13619914 51 19808350 51
38000000 50 31459818 50	98000000 50 98366669 50	12458392 51 18594534 51	13292547 51 20130612 51	11130965 51 16281093 51
39200000 50 32262657 50	95000000 50 95918867 50	80144197 50 12577674 51	79330890 50 12821950 51	77707767 50 11767861 51
42318182 50 34300975 50	88000000 50 90218937 50	34218357 50 67889987 50	24326980 50 57392790 50	43507473 50 75836567 50
49000000 50 38444183 50	76000000 50 80495858 50	70923433 49* 19660637 50	22413740 50* 74800000 46	12198527 50 42461127 50
64206897 50 46821627 50	58000000 50 66093053 50	46597337 50* 23166523 50*	60658200 50* 45895340 50*	21169943 50* 14324650 50
93100000 50 59354675 50	40000000 50 52137384 50	76819983 50* 53088547 50*	82646890 50* 72490640 50*	53855690 50* 55743000 48*
14896000 51 74790870 50	25000000 50 41376675 50	98947127 50* 70868947 50*	93459300 50* 86047450 50*	88829620 50* 14078987 50
37240000 51 93672845 50	10000000 50 33036228 50	11976113 51* 66430360 50*	98971980 50* 93405040 50*	15170079 51* 34558560 51
93100000 51 98872155 50	40000000 49 31298979 50	12791567 51* 29066933 49*	99835470 50* 94632270 50*	21306180 51* 27125136 52

$\Phi =$	$f_H/f_{co} =$	$f_H/f_{cx} =$	Table 128	
20.0	74480000 50	51740530 50		
y_R y	f_R/f_{co} f_x/f_{cx}	$\left\{\frac{h'}{Y_m}\cos\right\}_{x}^{o}$	$\left\{\frac{h'}{Y_m}\text{Par.}\right\}_{x}^{o}$	$\left\{\frac{h'}{Y_m}\text{Epst.}\right\}_{x}^{o}$
74854271 50 51909455 50	99500000 50 99674587 50	18950786 51 36968413 51	21036330 51 41359458 51	16147898 51 31108500 51
75232323 50 52079370 50	99000000 50 99349387 50	15757868 51 31127560 51	17232224 51 34385806 51	13675500 51 26596477 51
76000000 50 52422240 50	98000000 50 98699588 50	12512128 51 25387573 51	13342672 51 27472393 51	11184735 51 22218050 51
78400000 50 53475660 50	95000000 50 96755300 50	80617037 50 17986570 51	79753980 50 18419597 51	78202080 50 16726214 51
84636364 50 56086320 50	88000000 50 92251613 50	34583757 50 11091079 51	24623840 50 98068760 50	43931113 50 11926080 51
98000000 50 61112580 50	76000000 50 84664295 50	68498933 49* 56682407 50	22248780 50* 29872150 50	12539107 50 86551487 50
12841379 51 70154170 50	58000000 50 73752615 50	46475140 50* 13281517 50	60597580 50* 23683780 50*	20928543 50* 72180377 50
18620000 51 81051855 50	40000000 50 63836337 50	76772893 50* 97154733 49*	82631480 50* 54365250 50*	53710883 50* 10030950 51
29792000 51 90726070 50	25000000 50 57029402 50	98934103 50* 85123333 49*	93456720 50* 69801440 50*	88762093 50* 24720987 51
74480000 51 982595[illegible]0 50	10000000 50 52657015 50	11976023 51* 82349537 50	98971810 50* 77915630 50*	15168865 51* 17390044 52
18620000 52 99712895 50	40000000 49 51889512 50	12791561 51* 36751340 51	99835470 50* 79027900 50*	21305983 51* 11437723 53

$\Phi =$ 30.0	$f_H/f_{co} =$ 93100000 49	$f_H/f_{cx} =$ 88867010 49	Table	129
y_R / y	f_R/f_{co} / f_x/f_{cx}	$\left\{\dfrac{h'}{Y_m}\cos\right\}_x^o$	$\left\{\dfrac{h'}{Y_m}\text{Par.}\right\}_x^o$	$\left\{\dfrac{h'}{Y_m}\text{Epst.}\right\}_x^o$
93567839 49	99500000 50	19519131 51	21761118 51	16552172 51
89292710 49	99523253 50	21185480 51	23642160 51	17948110 51
94040404 49	99000000 50	16122673 51	17715661 51	13920536 51
89722500 49	99046516 50	17462811 51	19208118 51	15063716 51
95000000 49	98000000 50	12709299 51	13626572 51	11298627 51
90594610 49	98093043 50	13776519 51	14790682 51	12233300 51
98000000 49	95000000 50	81072317 50	80773610 50	78146673 50
93315575 49	95232773 50	88921047 50	88932540 50	85423627 50
10579545 50	88000000 50	34371767 50	24817690 50	43317107 50
10034703 50	88559681 50	40233967 50	30360880 50	49350080 50
12250000 50	76000000 50	71325733 49*	22202070 50*	11800360 50
11522644 50	77123801 50	24270733 49*	18411070 50*	17527933 50
16051724 50	58000000 50	46589483 50*	60495620 50*	21606577 50*
14815050 50	59984279 50	42535743 50*	58022770 50*	15059510 50*
23275000 50	40000000 50	76697777 50*	82506170 50*	54195077 50*
20723450 50	42882343 50	72841737 50*	80887130 50*	45146583 50*
37240000 50	25000000 50	98739697 50*	93365190 50*	88867047 50*
30945975 50	28716823 50	94748717 50*	92318240 50*	73926107 50*
93100000 50	10000000 50	11957266 51*	98946230 50*	15084085 51*
59354675 50	14972201 50	11441419 51*	98407560 50*	10252925 51*
23275000 51	40000000 49	12781898 51*	99830610 50*	21160097 51*
86263525 50	10301806 50	11896221 51*	99461460 50*	26631333 49*

$\Phi =$ 30.0	$f_H/f_{co} =$ 18620000 50	$f_H/f_{cx} =$ 16967000 50	Table	130
y_R / y	f_R/f_{co} / f_x/f_{cx}	$\left\{\dfrac{h'}{Y_m}\cos\right\}_x^o$	$\left\{\dfrac{h'}{Y_m}\text{Par.}\right\}_x^o$	$\left\{\dfrac{h'}{Y_m}\text{Epst.}\right\}_x^o$
18713568 50	99500000 50	19836023 51	22136116 51	16783087 51
17044319 50	99546365 50	23096350 51	25806799 51	19519543 51
18808081 50	99000000 50	16417456 51	18063590 51	14134733 51
17122344 50	99092741 50	19123570 51	21072784 51	16442859 51
19000000 50	98000000 50	12971555 51	13934321 51	11488490 51
17280545 50	98185561 50	15183084 51	16346720 51	13420209 51
19600000 50	95000000 50	83117527 50	83123940 50	79623413 50
17773094 50	95464526 50	99742077 50	10044689 51	94939733 50
21159091 50	88000000 50	35798177 50	26357370 50	44369580 50
19038639 50	89118765 50	48344637 50	38273910 50	57159527 50
24500000 50	76000000 50	61611433 49*	21292220 50*	12592593 50
21681891 50	78254245 50	39940267 49	13066930 50*	24814560 50
32103448 50	58000000 50	45948570 50*	60048580 50*	20910263 50*
27361246 50	62011065 50	37040943 50*	54590030 50*	66865833 49*
46550000 50	40000000 50	76281187 50*	82317730 50*	53462050 50*
36959725 50	45906727 50	67511590 50*	78629460 50*	33057403 50*
74480000 50	25000000 50	98505460 50*	93304840 50*	88083200 50*
51740535 50	32792471 50	88847793 50*	90777870 50*	52010087 50*
18620000 51	10000000 50	11952528 51*	98942090 50*	15031525 51*
81051855 50	20933512 50	10438761 51*	97370670 50*	77354200 49*
46550000 51	40000000 49	12781420 51*	99831460 50*	21144897 51*
95767500 50	17716866 50	95939323 50*	98504920 50*	54267717 51

$\Phi =$ 30.0	$f_H/f_{co} =$ 37240000 50	$f_H/f_{cx} =$ 30945970 50	*Table* 131	
y_R y	f_R/f_{co} f_x/f_{cx}	$\left\{\frac{h'}{Y_m}\cos\right\}_{x}^{o}$	$\left\{\frac{h'}{Y_m}\text{Par.}\right\}_{x}^{o}$	$\left\{\frac{h'}{Y_m}\text{Epst.}\right\}_{x}^{o}$
37427136 50 31072888 50	99500000 50 99591564 50	20106877 51 26812523 51	22440574 51 29960066 51	16991585 51 22636923 51
37616162 50 31200826 50	99000000 50 99183191 50	16676131 51 22368737 51	18352883 51 24660823 51	14334344 51 19198850 51
38000000 50 31459818 50	98000000 50 98366669 50	13210659 51 17962499 51	14199014 51 19368048 51	11674023 51 15825914 51
39200000 50 32262657 50	95000000 50 95918867 50	85110947 50 12167490 51	85262560 50 12330548 51	81202460 50 11481413 51
42318182 50 34300975 50	88000000 50 90218937 50	37281497 50 65382407 50	27826070 50 54506720 50	45623647 50 74140100 50
49000000 50 38444183 50	76000000 50 80495858 50	51296833 49* 18052037 50	20424210 50* 16527400 49*	13612220 50 41365180 50
64206897 50 46821827 50	58000000 50 66093053 50	45307000 50* 24244733 50*	59654520 50* 46771150 50*	20021803 50* 13498157 50
93100000 50 59354675 50	40000000 50 52137384 50	75925823 50* 53891473 50*	82177560 50* 72950360 50*	52656310 50* 13363767 49*
14896000 51 74790870 50	25000000 50 41376675 50	98353260 50* 71527650 50*	93270400 50* 86291060 50*	87445493 50* 13259947 50
37240000 51 93672845 50	10000000 50 33036228 50	11950770 51* 67176183 50*	98940660 50* 93524050 50*	15009638 51* 34469883 51
93100000 51 98872155 50	40000000 49 31298979 50	12781289 51* 43804733 49*	99831420 50* 94630870 50*	21140593 51* 27116030 52

$\Phi =$ 30.0	$f_H/f_{co} =$ 74480000 50	$f_H/f_{cx} =$ 51740530 50	*Table* 132	
y_R y	f_R/f_{co} f_x/f_{cx}	$\left\{\frac{h'}{Y_m}\cos\right\}_{x}^{o}$	$\left\{\frac{h'}{Y_m}\text{Par.}\right\}_{x}^{o}$	$\left\{\frac{h'}{Y_m}\text{Epst.}\right\}_{x}^{o}$
74854271 50 51909455 50	99500000 50 99674587 50	20299860 51 35534477 51	22639877 51 39639667 51	17159203 51 30045670 51
75232323 50 52079370 50	99000000 50 99349387 50	16863092 51 29978707 51	18544656 51 33005765 51	14497754 51 25755263 51
76000000 50 52422240 50	98000000 50 98699588 50	13387261 51 24499967 51	14377792 51 26406333 51	11830316 51 21578487 51
78400000 50 53475660 50	95000000 50 96755300 50	86641367 50 17395093 51	86752930 50 17715865 51	82609073 50 16311821 51
84636364 50 56086320 50	88000000 50 92251613 50	38456507 50 10718844 51	28869340 50 93822390 50	46810400 50 11672729 51
98000000 50 61112580 50	76000000 50 84664295 50	43270833 49* 54230527 50	19826060 50* 27356970 50	14588800 50 84886573 50
12841379 51 70154170 50	58000000 50 73752615 50	44861953 50* 11571507 50	59413920 50* 25085750 50*	19253590 50* 70955837 50
18620000 51 81051855 50	40000000 50 63836337 50	75727467 50* 11112983 50*	82108000 50* 55195060 50*	52108290 50* 99242423 50
29792000 51 90726070 50	25000000 50 57029402 50	98289590 50* 99194633 49*	93257250 50* 70352740 50*	87137607 50* 24619127 51
74480000 51 98259530 50	10000000 50 52657015 50	11950265 51* 79908677 50	98940260 50* 78321220 50*	15003065 51* 17379955 52
18620000 52 99712895 50	40000000 49 51889512 50	12781255 51* 36186767 51	99831410 50* 79410560 50*	21139483 51* 11443071 53

$\Phi =$ 40.0	$f_H/f_{co} =$ 93100000 49	$f_H/f_{cx} =$ 88867010 49	Table	133
y_R / y	f_R/f_{co} / f_x/f_{cx}	$\left\{\frac{h'}{Y_m}\cos\right\}^o_x$	$\left\{\frac{h'}{Y_m}\text{Par.}\right\}^o_x$	$\left\{\frac{h'}{Y_m}\text{Epst.}\right\}^o_x$
93567839 49	99500000 50	20656970 51	23134156 51	17411397 51
89292710 49	99523253 50	20564173 51	22891984 51	17482960 51
94040404 49	99000000 50	16937031 51	18704658 51	14527432 51
89722500 49	99046516 50	17003947 51	18650954 51	14725188 51
95000000 49	98000000 50	13257680 51	14298068 51	11698976 51
90594610 49	98093043 50	13453751 51	14396266 51	12000312 51
98000000 49	95000000 50	84028157 50	84433340 50	80204967 50
93315575 49	95232773 50	87047867 50	86631580 50	84132913 50
10579545 50	88000000 50	35876987 50	26667450 50	44282187 50
10034703 50	88559681 50	39203457 50	29119370 50	48689873 50
12250000 50	76000000 50	62744233 49*	21219760 50*	12299647 50
11522644 50	77123801 50	30461333 49*	19095470 50*	17158313 50
16051724 50	58000000 50	46036753 50*	59983420 50*	21294570 50*
14815050 50	59984279 50	42943037 50*	58382650 50*	15305857 50*
23275000 50	40000000 50	76273957 50*	82232080 50*	53896723 50*
20723450 50	42882343 50	73150560 50*	81077380 50*	45380290 50*
37240000 50	25000000 50	98389310 50*	93227840 50*	88440387 50*
30945975 50	28716823 50	94997837 50*	92412850 50*	74223853 50*
93100000 50	10000000 50	11933235 51*	98912240 50*	14979387 51*
59354675 50	14972201 50	11459545 51*	98434660 50*	10306436 51*
23275000 51	40000000 49	12768880 51*	99823840 50*	20977073 51*
86263525 50	10301806 50	11913223 51*	99477060 50*	34003667 49*

$\Phi =$ 40.0	$f_H/f_{co} =$ 18620000 50	$f_H/f_{cx} =$ 16967000 50	Table	134
y_R / y	f_R/f_{co} / f_x/f_{cx}	$\left\{\frac{h'}{Y_m}\cos\right\}^o_x$	$\left\{\frac{h'}{Y_m}\text{Par.}\right\}^o_x$	$\left\{\frac{h'}{Y_m}\text{Epst.}\right\}^o_x$
18713568 50	99500000 50	21284500 51	23887449 51	17867923 51
17044319 50	99546365 50	22285440 51	24827838 51	18916647 51
18808081 50	99000000 50	17505854 51	19386820 51	14939041 51
17122344 50	99092741 50	18502709 51	20319924 51	15987951 51
19000000 50	98000000 50	13746336 51	14882263 51	12049752 51
17280545 50	98185561 50	14728377 51	15792955 51	13093920 51
19600000 50	95000000 50	87629837 50	88676120 50	82755820 50
17773094 50	95464526 50	96948497 50	97044340 50	93017500 50
21159091 50	88000000 50	38256997 50	29327870 50	45968333 50
19038639 50	89118765 50	46725337 50	36356750 50	56108933 50
24500000 50	76000000 50	47011133 49*	19674570 50*	13493133 50
21681891 50	78254245 50	29888467 49	14147360 50*	24188227 50
32103448 50	58000000 50	44995983 50*	59211010 50*	20281957 50*
27361246 50	62011065 50	37710013 50*	55159390 50*	71302633 49*
46550000 50	40000000 50	75566987 50*	81887270 50*	52810043 50*
36959725 50	45906727 50	68014427 50*	78927460 50*	33485057 50*
74480000 50	25000000 50	97951817 50*	93104960 50*	87175147 50*
51740535 50	32792471 50	89249070 50*	90926330 50*	52520273 50*
18620000 51	10000000 50	11921408 51*	98901000 50*	14863907 51*
81051855 50	20933512 50	10471910 51*	97422480 50*	84493000 49*
46550000 51	40000000 49	12767296 51*	99824300 50*	20930107 51*
95767500 50	17716866 50	96410740 50*	98505590 50*	54187043 51

$\Phi =$ 40.0	$f_H/f_{co} =$ 37240000 50	$f_H/f_{cx} =$ 30945970 50	Table	135
y_R / y	f_R/f_{co} / f_x/f_{cx}	$\left\{\dfrac{h'}{Y_m}\cos\right\}_x^o$	$\left\{\dfrac{h'}{Y_m}\text{Par.}\right\}_x^o$	$\left\{\dfrac{h'}{Y_m}\text{Epst.}\right\}_x^o$
37427136 50	99500000 50	21849310 51	24544573 51	18288913 51
31072888 50	99591564 50	25752990 51	28683537 51	21853147 51
37616162 50	99000000 50	18036149 51	20001490 51	15334178 51
31200826 50	99183191 50	21535030 51	23653250 51	18590743 51
38000000 50	98000000 50	14224433 51	15432151 51	12406248 51
31459818 50	98366669 50	17332264 51	18604753 51	15375045 51
39200000 50	95000000 50	91444017 50	92952490 50	85624680 50
32262657 50	95918867 50	11761739 51	11841467 51	11201603 51
42318182 50	88000000 50	40972847 50	32165890 50	48101600 50
34300975 50	90218937 50	62921217 50	51645140 50	72518333 50
49000000 50	76000000 50	28475633 49*	18008500 50*	15148700 50
38444183 50	80495858 50	16477237 50	33028000 49*	40346787 50
64206897 50	58000000 50	43813807 50*	58425380 50*	18842617 50*
46821827 50	66093053 50	25309583 50*	47653250 50*	12754597 50
93100000 50	40000000 50	74856857 50*	81581520 50*	51412323 50*
59354675 50	52137384 50	54703467 50*	73424590 50*	20283967 49*
14896000 51	25000000 50	97600060 50*	93018070 50*	85888687 50*
74790870 50	41376675 50	72218333 50*	86550020 50*	12521527 50
37240000 51	10000000 50	11915895 51*	98896350 50*	14800780 51*
93672845 50	33036228 50	68001357 50*	93653550 50*	34387140 51
93100000 51	40000000 49	12766815 51*	99823150 50*	20914960 51*
98872155 50	31298979 50	60410433 49*	94840950 50*	27107527 52

$\Phi =$ 40.0	$f_H/f_{co} =$ 74480000 50	$f_H/f_{cx} =$ 51740530 50	Table	136
y_R / y	f_R/f_{co} / f_x/f_{cx}	$\left\{\dfrac{h'}{Y_m}\cos\right\}_x^o$	$\left\{\dfrac{h'}{Y_m}\text{Par.}\right\}_x^o$	$\left\{\dfrac{h'}{Y_m}\text{Epst.}\right\}_x^o$
74854271 50	99500000 50	22288977 51	25025885 51	18642817 51
51909455 50	99674587 50	34061160 51	37868076 51	28960420 51
75232323 50	99000000 50	18457936 51	20460523 51	15675167 51
52079370 50	99349387 50	28799107 51	31584231 51	24898403 51
76000000 50	98000000 50	14616912 51	15854385 51	12726396 51
52422240 50	98699588 50	23589607 51	25308387 51	20929563 51
78400000 50	95000000 50	94752817 50	96391100 50	88403127 50
53475660 50	96755300 50	16789719 51	16991146 51	15895139 51
84636364 50	88000000 50	43449857 50	34529650 50	50352800 50
56086320 50	92251613 50	10338416 51	89441940 50	11422028 51
98000000 50	76000000 50	11512933 49*	16639010 50*	16975547 50
61112580 50	84664295 50	51715957 50	24745400 50	83272847 50
12841379 51	58000000 50	42817927 50*	57838970 50*	17336297 50*
70154170 50	73752615 50	97917767 49	26563980 50*	69791870 50
18620000 51	40000000 50	74358150 50*	81391710 50*	50196183 50*
81051855 50	63836337 50	12603803 50*	56088110 50*	98232937 50
29792000 51	25000000 50	97412790 50*	92976620 50*	85067993 50*
90726070 50	57029402 50	11461483 50*	70957380 50*	24522203 51
74480000 51	10000000 50	11914088 51*	98894870 50*	14778314 51*
98259530 50	52657015 50	77164887 50	78763350 50*	17370324 52
18620000 52	40000000 49	12766688 51*	99824110 50*	20910867 51*
99712895 50	51889512 50	35548943 51	79638500 50*	11449943 53

$\Phi =$ 50.0	$f_H/f_{co} =$ 93100000 49	$f_H/f_{cx} =$ 88867010 49	Table	137
y_R / y	f_R/f_{co} / f_x/f_{cx}	$\left\{\frac{h'}{Y_m}\cos\right\}_x^o$	$\left\{\frac{h'}{Y_m}\text{Par.}\right\}_x^o$	$\left\{\frac{h'}{Y_m}\text{Epst.}\right\}_x^o$
93567839 49	99500000 50	22117423 51	24891524 51	18522473 51
89292710 49	99523253 50	20020573 51	22235582 51	17076020 51
94040404 49	99000000 50	17931141 51	19908975 51	15274433 51
89722500 49	99046516 50	16603337 51	18164445 51	14429719 51
95000000 49	98000000 50	13891602 51	15073172 51	12165904 51
90594610 49	98093043 50	13172552 51	14052537 51	11797452 51
98000000 49	95000000 50	87209307 50	88379170 50	82438807 50
93315575 49	95232773 50	85419947 50	84630510 50	83013020 50
10579545 50	88000000 50	37403747 50	28560040 50	45263947 50
10034703 50	88559681 50	38309497 50	28040790 50	48119707 50
12250000 50	76000000 50	54344433 49*	20240430 50*	12781413 50
11522644 50	77123801 50	35826233 49*	19690220 50*	16841660 50
16051724 50	58000000 50	45504430 50*	59475080 50*	21010777 50*
14815050 50	59984279 50	43296030 50*	58696140 50*	15513190 50*
23275000 50	40000000 50	75864317 50*	81956200 50*	53638590 50*
20723450 50	42882343 50	73418947 50*	81244040 50*	45571937 50*
37240000 50	25000000 50	98043887 50*	93085380 50*	88076260 50*
30945975 50	28716823 50	95216033 50*	92496570 50*	74462240 50*
93100000 50	10000000 50	11907801 51*	98873880 50*	14884476 51*
59354675 50	14972201 50	11475944 51*	98459670 50*	10348905 51*
23275000 51	40000000 49	12753577 51*	99815420 50*	20785923 51*
86263525 50	10301806 50	11929310 51*	99477110 50*	39963000 49*

$\Phi =$ 50.0	$f_H/f_{co} =$ 18620000 50	$f_H/f_{cx} =$ 16967000 50	Table	138
y_R / y	f_R/f_{co} / f_x/f_{cx}	$\left\{\frac{h'}{Y_m}\cos\right\}_x^o$	$\left\{\frac{h'}{Y_m}\text{Par.}\right\}_x^o$	$\left\{\frac{h'}{Y_m}\text{Epst.}\right\}_x^o$
18713568 50	99500000 50	23222107 51	26225415 51	19331833 51
17044319 50	99546365 50	21570640 51	23964535 51	18385647 51
18808081 50	99000000 50	18899930 51	21079409 51	15979047 51
17122344 50	99092741 50	17956227 51	19656856 51	15588032 51
19000000 50	98000000 50	14690119 51	16037202 51	12740180 51
17280545 50	98185561 50	14328775 51	15305885 51	12807732 51
19600000 50	95000000 50	92746217 50	95000830 50	86337040 50
17773094 50	95464526 50	94499007 50	94056200 50	91338667 50
21159091 50	88000000 50	40870177 50	32527360 50	47667280 50
19038639 50	89118765 50	45308357 50	34674230 50	55197933 50
24500000 50	76000000 50	32113433 49*	17981720 50*	14391700 50
21681891 50	78254245 50	21100367 49	15096720 50*	23652007 50
32103448 50	58000000 50	44041130 50*	58337850 50*	19694010 50*
27361246 50	62011065 50	38296027 50*	55662130 50*	75012167 49*
46550000 50	40000000 50	74846193 50*	81429870 50*	52225143 50*
36959725 50	45906727 50	68458033 50*	79193230 50*	33833110 50*
74480000 50	25000000 50	97376133 50*	92884000 50*	86358653 50*
51740535 50	32792471 50	89608687 50*	91060970 50*	52928813 50*
18620000 51	10000000 50	11885742 51*	98851120 50*	14695465 51*
81051855 50	20933512 50	10502955 51*	97469280 50*	90255467 49*
46550000 51	40000000 49	12749647 51*	99814500 50*	20680717 51*
95767500 50	17716866 50	96866730 50*	98595050 50*	54121350 51

$\Phi =$ 50.0	$f_H/f_{co} =$ 37240000 50	$f_H/f_{cx} =$ 30945970 50	Table 139	
y_R y	f_R/f_{co} f_x/f_{cx}	$\left\{\frac{h'}{Y_m}\cos\right\}_x^o$	$\left\{\frac{h'}{Y_m}\text{Par.}\right\}_x^o$	$\left\{\frac{h'}{Y_m}\text{Epst.}\right\}_x^o$
37427136 50 31072888 50	99500000 50 99591564 50	24256547 51 24810190 51	27452674 51 27546508 51	20095673 51 21157483 51
37616162 50 31200826 50	99000000 50 99183191 50	19848201 51 20793323 51	22201898 51 22755733 51	16677320 51 18051543 51
38000000 50 31459818 50	98000000 50 98366669 50	15517420 51 16771783 51	17011328 51 17924788 51	13347280 51 14975925 51
39200000 50 32262657 50	95000000 50 95918867 50	99000547 50 11401164 51	10221998 51 11405693 51	90920113 50 10954944 51
42318182 50 34300975 50	88000000 50 90218937 50	45099457 50 60735647 50	37119420 50 49092660 50	50844313 50 71101447 50
49000000 50 38444183 50	76000000 50 80495858 50	40246333 48* 15077677 50	15329210 50* 47794700 49*	16731767 50 39470940 50
64206897 50 46821827 50	58000000 50 66093053 50	42238960 50* 26261373 50*	57063200 50* 48449320 50*	17703403 50* 12130870 50
93100000 50 59354675 50	40000000 50 52137384 50	73711370 50* 55439157 50*	80903520 50* 73858660 50*	50238130 50* 25967233 49*
14896000 51 74790870 50	25000000 50 41376675 50	96756517 50* 72858210 50*	92717490 50* 86791710 50*	84365867 50* 11919253 50
37240000 51 93672845 50	10000000 50 33036228 50	11872972 51* 68795230 50*	98839220 50* 93779450 50*	14564913 51* 34319290 51
93100000 51 98872155 50	40000000 49 31298979 50	12748247 51* 76609933 49*	99813720 50* 94947240 50*	20639303 51* 27100650 52

$\Phi =$ 50.0	$f_H/f_{co} =$ 74480000 50	$f_H/f_{cx} =$ 51740530 50	Table 140	
y_R y	f_R/f_{co} f_x/f_{cx}	$\left\{\frac{h'}{Y_m}\cos\right\}_x^o$	$\left\{\frac{h'}{Y_m}\text{Par.}\right\}_x^o$	$\left\{\frac{h'}{Y_m}\text{Epst.}\right\}_x^o$
74854271 50 51909455 50	99500000 50 99674587 50	25105740 51 32735147 51	28420962 51 36271473 51	20750540 51 27988350 51
75232323 50 52079370 50	99000000 50 99349387 50	20650227 51 27735793 51	23112068 51 30300750 51	17297127 51 24130627 51
76000000 50 52422240 50	98000000 50 98699588 50	16246736 51 22767617 51	17831119 51 24314999 51	13913740 51 20348210 51
78400000 50 53475660 50	95000000 50 96755300 50	10490285 51 16241863 51	10866044 51 16333349 51	95594200 50 15522714 51
84636364 50 56086320 50	88000000 50 92251613 50	49342517 50 99932257 50	41406400 50 85449400 50	54420147 50 11199603 51
98000000 50 61112580 50	76000000 50 84664295 50	24589467 49 49424117 50	12858550 50* 22350520 50	19530860 50 81860673 50
12841379 51 70154170 50	58000000 50 73752615 50	40511337 50* 81526667 49	55963340 50* 27934370 50*	15377677 50* 68792923 50
18620000 51 81051855 50	40000000 50 63836337 50	72772737 50* 14000273 50*	80514590 50* 56927740 50*	48221790 50* 97378843 50
29792000 51 90726070 50	25000000 50 57029402 50	96351783 50* 12934263 50*	92620140 50* 71533260 50*	82795047 50* 24440707 51
74480000 51 98259530 50	10000000 50 52657015 50	11867920 51* 74493187 50	98834760 50* 79209510 50*	14506602 51* 17362308 52
18620000 52 99712895 50	40000000 49 51889512 50	12747849 51* 34925563 51	99813590 50* 80252320 50*	20627033 51* 11457530 53

$\Phi =$ 54.0	$f_H/f_{co} =$ 93100000 49	$f_H/f_{cx} =$ 88867010 49	Table 141	
y_R y	f_R/f_{co} f_x/f_{cx}	$\left\{\dfrac{h'}{Y_m}\cos\right\}^o_x$	$\left\{\dfrac{h'}{Y_m}\text{Par.}\right\}^o_x$	$\left\{\dfrac{h'}{Y_m}\text{Epst.}\right\}^o_x$
93567839 49	99500000 50	22803333 51	25715112 51	19046757 51
89292710 49	99523253 50	19832106 51	22007979 51	16934978 51
94040404 49	99000000 50	18379250 51	20450752 51	15612969 51
89722500 49	99046516 50	16464382 51	17995681 51	14327282 51
95000000 49	98000000 50	14165290 51	15407324 51	12368694 51
90594610 49	98093043 50	13074958 51	13933229 51	11727098 51
98000000 49	95000000 50	88509927 50	89993370 50	83357567 50
93315575 49	95232773 50	84854457 50	83935250 50	82624480 50
10579545 50	88000000 50	38001177 50	29304520 50	45649153 50
10034703 50	88559681 50	37998687 50	27665670 50	47921927 50
12250000 50	76000000 50	51142533 49*	19862620 50*	12963467 50
11522644 50	77123801 50	37692633 49*	19897270 50*	16732113 50
16051724 50	58000000 50	45303870 50*	59279720 50*	20907823 50*
14815050 50	59984279 50	43418913 50*	58805420 50*	15584377 50*
23275000 50	40000000 50	75709643 50*	81849210 50*	53548050 50*
20723450 50	42882343 50	73512483 50*	81302300 50*	45636883 50*
37240000 50	25000000 50	97911750 50*	93029060 50*	87949007 50*
30945975 50	28716823 50	95292323 50*	92526000 50*	74541900 50*
93100000 50	10000000 50	11897682 51*	98857950 50*	14850179 51*
59354675 50	14972201 50	11481758 51*	98468070 50*	10362899 51*
23275000 51	40000000 49	12747111 51*	99812500 50*	20712463 51*
86263525 50	10301806 50	11935137 51*	99490740 50*	41925000 49*

$\Phi =$ 54.0	$f_H/f_{co} =$ 18620000 50	$f_H/f_{cx} =$ 16967000 50	Table 142	
y_R y	f_R/f_{co} f_x/f_{cx}	$\left\{\dfrac{h'}{Y_m}\cos\right\}^o_x$	$\left\{\dfrac{h'}{Y_m}\text{Par.}\right\}^o_x$	$\left\{\dfrac{h'}{Y_m}\text{Epst.}\right\}^o_x$
18713568 50	99500000 50	24163150 51	27358572 51	20046963 51
17044319 50	99546365 50	21322200 51	23664420 51	18201237 51
18808081 50	99000000 50	19552641 51	21870506 51	16469157 51
17122344 50	99092741 50	17766173 51	19426199 51	15449089 51
19000000 50	98000000 50	15114172 51	16555658 51	13052583 51
17280545 50	98185561 50	14189712 51	15136319 51	12708268 51
19600000 50	95000000 50	94918877 50	97691520 50	87867953 50
17773094 50	95464526 50	93645657 50	93014690 50	90755133 50
21159091 50	88000000 50	41926837 50	33831010 50	48355867 50
19038639 50	89118765 50	44814257 50	34087000 50	54881773 50
24500000 50	76000000 50	26267133 49*	17307050 50*	14740533 50
21681891 50	78254245 50	18033267 49	15428560 50*	23466753 50
32103448 50	58000000 50	43671430 50*	57991340 50*	19475030 50*
27361246 50	62011065 50	38500830 50*	55838300 50*	76279300 49*
46550000 50	40000000 50	74566220 50*	81246370 50*	52012963 50*
36959725 50	45906727 50	68613570 50*	79286760 50*	33950217 50*
74480000 50	25000000 50	97149033 50*	92793300 50*	86063407 50*
51740535 50	32792471 50	89735657 50*	91108640 50*	53064500 50*
18620000 51	10000000 50	11870914 51*	98829250 50*	14631914 51*
81051855 50	20933512 50	10514144 51*	97486520 50*	92156133 49*
46550000 51	40000000 49	12741818 51*	99810220 50*	20577603 51*
95767500 50	17716866 50	97033767 50*	98575790 50*	54099757 51

$\Phi = $ 54.0	$f_H/f_{co} = $ 37240000 50	$f_H/f_{cx} = $ 30945970 50	Table 143	
y_R / y	f_R/f_{co} / f_x/f_{cx}	$\left\{\dfrac{h'}{Y_m} \cos\right\}_x^o$	$\left\{\dfrac{h'}{Y_m} \text{Par.}\right\}_x^o$	$\left\{\dfrac{h'}{Y_m} \text{Epst.}\right\}_x^o$
37427136 50	99500000 50	25456920 51	28901159 51	21002323 51
31072888 50	99591564 50	24481327 51	27149731 51	20915223 51
37616162 50	99000000 50	20723943 51	23264774 51	17330890 51
31200826 50	99183191 50	20534340 51	22442178 51	17863650 51
38000000 50	98000000 50	16119600 51	17747340 51	13788619 51
31459818 50	98366669 50	16575840 51	17686934 51	14836774 51
39200000 50	95000000 50	10233262 51	10632453 51	93268307 50
32262657 50	95918867 50	11274905 51	11252962 51	10868951 51
42318182 50	88000000 50	46828197 50	39218520 50	51992153 50
34300975 50	90218937 50	59969127 50	48196160 50	70608620 50
49000000 50	76000000 50	58872667 48	14220370 50*	17362587 50
38444183 50	80495858 50	14585997 50	52994400 49*	39168280 50
64206897 50	58000000 50	41609767 50*	56501800 50*	17269083 50*
46821827 50	66093053 50	26596843 50*	48730840 50*	11918177 50
93100000 50	40000000 50	73251367 50*	80620300 50*	49800837 50*
59354675 50	52137384 50	55700113 50*	74013180 50*	27877767 49*
14896000 51	25000000 50	96410183 50*	92588430 50*	83795560 50*
74790870 50	41376675 50	73087587 50*	86878500 50*	11718693 50
37240000 51	10000000 50	11854197 51*	98813120 50*	14469579 51*
93672845 50	33036228 50	69085230 50*	93830630 50*	34296833 51
93100000 51	40000000 49	12739773 51*	99809310 50*	20519180 51*
98872155 50	31298979 50	82570533 49*	94986080 50*	27098420 52

$\Phi = $ 54.0	$f_H/f_{co} = $ 74480000 50	$f_H/f_{cx} = $ 51740530 50	Table 144	
y_R / y	f_R/f_{co} / f_x/f_{cx}	$\left\{\dfrac{h'}{Y_m} \cos\right\}_x^o$	$\left\{\dfrac{h'}{Y_m} \text{Par.}\right\}_x^o$	$\left\{\dfrac{h'}{Y_m} \text{Epst.}\right\}_x^o$
74854271 50	99500000 50	26537277 51	30148164 51	21827090 51
51909455 50	99674587 50	32270403 51	35711591 51	27648637 51
75232323 50	99000000 50	21735410 51	24427324 51	18103987 51
52079370 50	99349387 50	27362460 51	29849837 51	23862003 51
76000000 50	98000000 50	17028053 51	18782516 51	14485376 51
52422240 50	98699588 50	22478437 51	23965268 51	20144603 51
78400000 50	95000000 50	10953263 51	11430552 51	98877047 50
53475660 50	96755300 50	16048558 51	16101023 51	15392202 51
84636364 50	88000000 50	51900057 50	44442100 50	56168773 50
56086320 50	92251613 50	98710467 50	84034260 50	11121815 51
98000000 50	76000000 50	39752367 49	11227110 50*	20572667 50
61112580 50	84664295 50	48610137 50	21498310 50	81369880 50
12841379 51	58000000 50	39554427 50*	55155670 50*	14612430 50*
70154170 50	73752615 50	75671567 49	28424860 50*	68449690 50
18620000 51	40000000 50	72107793 50*	80130580 50*	47458910 50*
81051855 50	63836337 50	14503383 50*	57230340 50*	97088657 50
29792000 51	25000000 50	95893850 50*	92459710 50*	81892533 50*
90726070 50	57029402 50	13470213 50*	71742680 50*	24413230 51
74480000 51	10000000 50	11846983 51*	98806810 50*	14389638 51*
98259530 50	52657015 50	73511157 50	79358780 50*	17359640 52
18620000 52	40000000 49	12739164 51*	99809600 50*	20500803 51*
99712895 50	51889512 50	34696007 51	80903620 50*	11460552 53

$\Phi =$ 60.0	$f_H/f_{co} =$ 93100000 49	$f_H/f_{cx} =$ 88867010 49	Table 145	
y_R / y	f_R/f_{co} / f_x/f_{cx}	$\left\{\frac{h'}{Y_m}\cos\right\}_x^o$	$\left\{\frac{h'}{Y_m}Par.\right\}_x^o$	$\left\{\frac{h'}{Y_m}Epst.\right\}_x^o$
93567839 49	99500000 50	23954157 51	27094607 51	19929300 51
89292710 49	99523253 50	19583947 51	21708289 51	16749336 51
94040404 49	99000000 50	19104842 51	21326555 51	16163214 51
89722500 49	99046516 50	16281281 51	17773279 51	14192350 51
95000000 49	98000000 50	14592986 51	15928792 51	12686964 51
90594610 49	98093043 50	12946245 51	13775862 51	11634350 51
98000000 49	95000000 50	90457867 50	92410720 50	84740147 50
93315575 49	95232773 50	84107667 50	83017020 50	82111680 50
10579545 50	88000000 50	38866887 50	30386620 50	46209167 50
10034703 50	88559681 50	37587727 50	27169640 50	47660773 50
12250000 50	76000000 50	46597533 49*	19322020 50*	13220593 50
11522644 50	77123801 50	40162033 49*	20171280 50*	16587540 50
16051724 50	58000000 50	45022347 50*	59001500 50*	20767457 50*
14815050 50	59984279 50	43581590 50*	58950170 50*	15677970 50*
23275000 50	40000000 50	75492147 50*	81695910 50*	53427577 50*
20723450 50	42882343 50	73636400 50*	81379490 50*	45721717 50*
37240000 50	25000000 50	97724177 50*	92947330 50*	87779533 50*
30945975 50	28716823 50	95393537 50*	92565070 50*	74645093 50*
93100000 50	10000000 50	11882935 51*	98834050 50*	14803086 51*
59354675 50	14972201 50	11489523 51*	98480140 50*	10380851 51*
23275000 51	40000000 49	12737357 51*	99806090 50*	20608847 51*
86263525 50	10301806 50	11943001 51*	99495640 50*	44432333 49*

$\Phi =$ 60.0	$f_H/f_{co} =$ 18620000 50	$f_H/f_{cx} =$ 16967000 50	Table 146	
y_R / y	f_R/f_{co} / f_x/f_{cx}	$\left\{\frac{h'}{Y_m}\cos\right\}_x^o$	$\left\{\frac{h'}{Y_m}Par.\right\}_x^o$	$\left\{\frac{h'}{Y_m}Epst.\right\}_x^o$
18713568 50	99500000 50	25789220 51	29313071 51	21287843 51
17044319 50	99546365 50	20994850 51	23268934 51	17958387 51
18808081 50	99000000 50	20643393 51	23190311 51	17292047 51
17122344 50	99092741 50	17515536 51	19121975 51	15265984 51
19000000 50	98000000 50	15797746 51	17390468 51	13558774 51
17280545 50	98185561 50	14006133 51	14912457 51	12577088 51
19600000 50	95000000 50	98261137 50	10183378 51	90234913 50
17773094 50	95464526 50	92517657 50	91637740 50	89984820 50
21159091 50	88000000 50	43491187 50	35770320 50	49377560 50
19038639 50	89118765 50	44160227 50	33309570 50	54464320 50
24500000 50	76000000 50	17807433 49*	16320440 50*	15242087 50
21681891 50	78254245 50	13970067 49	15868380 50*	23222627 50
32103448 50	58000000 50	43141857 50*	57486560 50*	19169330 50*
27361246 50	62011065 50	38772430 50*	56072150 50*	77940167 49*
46550000 50	40000000 50	74164360 50*	80977120 50*	51721677 50*
36959725 50	45906727 50	68820170 50*	79411190 50*	34102437 50*
74480000 50	25000000 50	96819657 50*	92658270 50*	85657593 50*
51740535 50	32792471 50	89904857 50*	91172310 50*	53239500 50*
18620000 51	10000000 50	11848753 51*	98795670 50*	14542908 51*
81051855 50	20933512 50	10529204 51*	97509720 50*	94590067 49*
46550000 51	40000000 49	12729596 51*	99803410 50*	20426380 51*
95767500 50	17716866 50	97260487 50*	98590320 50*	54072230 51

$\Phi =$ 60.0	$f_H/f_{co} =$ 37240000 50	$f_H/f_{cx} =$ 30945970 50	Table 147	
y_R y	f_R/f_{co} f_x/f_{cx}	$\left\{\frac{h'}{Y_m} \cos\right\}_{x}^{o}$	$\left\{\frac{h'}{Y_m} \text{Par.}\right\}_{x}^{o}$	$\left\{\frac{h'}{Y_m} \text{Epst.}\right\}_{x}^{o}$
37427136 50 31072888 50	99500000 50 99591564 50	27582430 51 24047400 51	31462064 51 26626096 51	22615590 51 20595910 51
37616162 50 31200826 50	99000000 50 99183191 50	22229473 51 20192253 51	25089792 51 22027944 51	18460523 51 17615790 51
38000000 50 31459818 50	98000000 50 98366669 50	17120475 51 16316733 51	18970171 51 17372334 51	14526356 51 14653063 51
39200000 50 32262657 50	95000000 50 95918867 50	10761489 51 11107665 51	11284467 51 11050599 51	97009953 50 10755325 51
42318182 50 34300975 50	88000000 50 90218937 50	49456427 50 58952147 50	42432110 50 47006210 50	53739373 50 69957680 50
49000000 50 38444183 50	76000000 50 80495858 50	20573067 49 13932767 50	12555220 50* 59907900 49*	18289147 50 38769653 50
64206897 50 46821827 50	58000000 50 66093053 50	40688163 50* 27043413 50*	55662410 50* 49106010 50*	16649857 50* 11639890 50
93100000 50 59354675 50	40000000 50 52137384 50	72576327 50* 56048607 50*	80193500 50* 74219790 50*	49187383 50* 30356833 49*
14896000 51 74790870 50	25000000 50 41376675 50	95895950 50* 73395503 50*	92390600 50* 86994970 50*	82996820 50* 11460273 50
37240000 51 93672845 50	10000000 50 33036228 50	11825200 51* 69478280 50*	98771630 50* 93893030 50*	14331720 51* 34268087 51
93100000 51 98872155 50	40000000 49 31298979 50	12726165 51* 90679233 49*	99801960 50* 95038670 50*	20334750 51* 27095610 52

$\Phi =$ 60.0	$f_H/f_{co} =$ 74480000 50	$f_H/f_{cx} =$ 51740530 50	Table 148	
y_R y	f_R/f_{co} f_x/f_{cx}	$\left\{\frac{h'}{Y_m} \cos\right\}_{x}^{o}$	$\left\{\frac{h'}{Y_m} \text{Par.}\right\}_{x}^{o}$	$\left\{\frac{h'}{Y_m} \text{Epst.}\right\}_{x}^{o}$
74854271 50 51909455 50	99500000 50 99674587 50	29117203 51 31655917 51	33259390 51 34971162 51	23776520 51 27200250 51
75232323 50 52079370 50	99000000 50 99349387 50	23641857 51 26868190 51	26738240 51 29252720 51	19528613 51 23507107 51
76000000 50 52422240 50	98000000 50 98699588 50	18359782 51 22094990 51	20406251 51 23501409 51	15464522 51 19875327 51
78400000 50 53475660 50	95000000 50 96755300 50	11707629 51 15791650 51	12354495 51 15792164 51	10424390 51 15219413 51
84636364 50 56086320 50	88000000 50 92251613 50	55892677 50 97082817 50	49230780 50 82148190 50	58891693 50 11018857 51
98000000 50 61112580 50	76000000 50 84664295 50	62777467 49 47523237 50	87053300 49* 20359730 50	22131233 50 80722100 50
12841379 51 70154170 50	58000000 50 73752615 50	38119267 50* 67827867 49	53912850 50* 29082150 50*	13504263 50* 67999510 50
18620000 51 81051855 50	40000000 50 63836337 50	71106867 50* 15180443 50*	79534030 50* 57637350 50*	46370457 50* 96710670 50
29792000 51 90726070 50	25000000 50 57029402 50	95192977 50* 14195123 50*	92205590 50* 72024940 50*	80596647 50* 24377637 51
74480000 51 98259530 50	10000000 50 52657015 50	11813601 51* 72175867 50	98760750 50* 79584410 50*	14212312 51* 17356222 52
18620000 52 99712895 50	40000000 49 51889512 50	12725038 51* 34383607 51	99801470 50* 80508590 50*	20302153 51* 11464865 53

Φ =	f_H/f_{co} =	f_H/f_{cx} =	Table 149	
67.1	93100000 49	88867010 49		
y_R / y	f_R/f_{co} / f_x/f_{cx}	$\left\{\frac{h'}{Y_m}\cos\right\}_{o,x}$	$\left\{\frac{h'}{Y_m}\text{Par.}\right\}_{o,x}$	$\left\{\frac{h'}{Y_m}\text{Epst.}\right\}_{o,x}$
93567839 49	99500000 50	25518000 51	28964986 51	21133420 51
89292710 49	99523253 50	19346454 51	21421436 51	16571748 51
94040404 49	99000000 50	20038057 51	22450398 51	16874270 51
89722500 49	99046516 50	16105820 51	17560139 51	14063123 51
95000000 49	98000000 50	15114889 51	16563871 51	13077493 51
90594610 49	98093043 50	12822728 51	13624843 51	11545406 51
98000000 49	95000000 50	92696737 50	95187650 50	86339347 50
93315575 49	95232773 50	83389637 50	82134210 50	81619067 50
10579545 50	88000000 50	39819637 50	31581130 50	46829140 50
10034703 50	88559681 50	37191957 50	26691940 50	47409620 50
12250000 50	76000000 50	41716833 49*	18736460 50*	13496867 50
11522644 50	77123801 50	42543033 49*	20435450 50*	16448567 50
16051724 50	58000000 50	44724953 50*	58702520 50*	20623343 50*
14815050 50	59984279 50	43738540 50*	59089830 50*	15767663 50*
23275000 50	40000000 50	75263677 50*	81530680 50*	53311210 50*
20723450 50	42882343 50	73756030 50*	81454070 50*	45802463 50*
37240000 50	25000000 50	97524660 50*	92857710 50*	87615393 50*
30945975 50	28716823 50	95491377 50*	92602870 50*	74742460 50*
93100000 50	10000000 50	11866676 51*	98806830 50*	14754737 51*
59354675 50	14972201 50	11497076 51*	98491490 50*	10397599 51*
23275000 51	40000000 49	12726181 51*	99799420 50*	20499283 51*
86263525 50	10301806 50	11950730 51*	99490450 50*	46757333 49*

Φ =	f_H/f_{co} =	f_H/f_{cx} =	Table 150	
67.1	18620000 50	16967000 50		
y_R / y	f_R/f_{co} / f_x/f_{cx}	$\left\{\frac{h'}{Y_m}\cos\right\}_{o,x}$	$\left\{\frac{h'}{Y_m}\text{Par.}\right\}_{o,x}$	$\left\{\frac{h'}{Y_m}\text{Epst.}\right\}_{o,x}$
18713568 50	99500000 50	28109987 51	32095251 51	23068163 51
17044319 50	99546365 50	20681447 51	22890252 51	17726047 51
18808081 50	99000000 50	22118637 51	24970834 51	18411710 51
17122344 50	99092741 50	17275277 51	18830311 51	15090606 51
19000000 50	98000000 50	16672327 51	18456433 51	14210780 51
17280545 50	98185561 50	13829901 51	14697522 51	12451282 51
19600000 50	95000000 50	10225216 51	10678161 51	93081120 50
17773094 50	95464526 50	91432547 50	90313040 50	89244973 50
21159091 50	88000000 50	45258947 50	37974420 50	50536480 50
19038639 50	89118765 50	43529957 50	32560270 50	54063120 50
24500000 50	76000000 50	85597333 48*	15227060 50*	15785707 50
21681891 50	78254245 50	10049267 49	16292900 50*	22988340 50
32103448 50	58000000 50	42571530 50*	56930600 50*	18851723 50*
27361246 50	62011065 50	39034827 50*	56298180 50*	79525833 49*
46550000 50	40000000 50	73730283 50*	80677850 50*	51425370 50*
36959725 50	45906727 50	69020100 50*	79531730 50*	34246563 50*
74480000 50	25000000 50	96458837 50*	92505300 50*	85241693 50*
51740535 50	32792471 50	90069113 50*	91234280 50*	53403687 50*
18620000 51	10000000 50	11823605 51*	98755840 50*	14449251 51*
81051855 50	20933512 50	10543969 51*	97532440 50*	96852067 49*
46550000 51	40000000 49	12715045 51*	99794680 50*	20261580 51*
95767500 50	17716866 50	97484543 50*	98634610 50*	54046843 51

$\Phi =$ 67·1	$f_H/f_{co} =$ 37240000 50	$f_H/f_{cx} =$ 30945970 50	*Table* 151	
y_R y	f_R/f_{co} f_x/f_{cx}	$\left\{\frac{h'}{Y_m} \cos\right\}_{x}^{o}$	$\left\{\frac{h'}{Y_m} \text{Par.}\right\}_{x}^{o}$	$\left\{\frac{h'}{Y_m} \text{Epst.}\right\}_{x}^{o}$
37427136 50 31072888 50	99500000 50 99591564 50	30738957 51 23631507 51	35255197 51 26124145 51	25026653 51 20290237 51
37616162 50 31200826 50	99000000 50 99183191 50	24357607 51 19863934 51	27663514 51 21630308 51	20068700 51 17378250 51
38000000 50 31459818 50	98000000 50 98366669 50	18460446 51 16067650 51	20604930 51 17069850 51	15521654 51 14476774 51
39200000 50 32262637 50	95000000 50 95918867 50	11419135 51 10946521 51	12097536 51 10855577 51	10170263 51 10646136 51
42318182 50 34300975 50	88000000 50 90218937 50	52534067 50 57970057 50	46225830 50 45856780 50	55791313 50 69332013 50
49000000 50 38444183 50	76000000 50 80495858 50	37149767 49 13300817 50	10644020 50* 66599200 49*	19325227 50 38387420 50
64206897 50 46821827 50	58000000 50 66093053 50	39664827 50* 27476363 50*	54705890 50* 49469990 50*	15983970 50* 11374810 50
93100000 50 59354675 50	40000000 50 52137384 50	71825147 50* 56387567 50*	79702610 50* 74420860 50*	48539430 50* 32696367 49*
14896000 51 74790870 50	25000000 50 41376675 50	95316130 50* 73696540 50*	92158490 50* 87108900 50*	82154247 50* 11218293 50
37240000 51 93572845 50	10000000 50 33036228 50	11791121 51* 69866157 50*	98720360 50* 93953390 50*	14183159 51* 34241403 51
93100000 51 98872155 50	40000000 49 31298979 50	12709280 51* 98710433 49*	99792520 50* 95090500 50*	20122493 51* 27093066 52

$\Phi =$ 67·1	$f_H/f_{co} =$ 74480000 50	$f_H/f_{cx} =$ 51740530 50	*Table* 152	
y_R y	f_R/f_{co} f_x/f_{cx}	$\left\{\frac{h'}{Y_m} \cos\right\}_{x}^{o}$	$\left\{\frac{h'}{Y_m} \text{Par.}\right\}_{x}^{o}$	$\left\{\frac{h'}{Y_m} \text{Epst.}\right\}_{x}^{o}$
74854271 50 51909455 50	99500000 50 99674587 50	33064680 51 31065917 51	38010897 51 34260111 51	26779667 51 26770567 51
75232323 50 52079370 50	99000000 50 99349387 50	26434200 51 26392823 51	30118667 51 28678345 51	21630730 51 23166570 51
76000000 50 52422240 50	98000000 50 98699588 50	20214557 51 21725497 51	22667859 51 23054358 51	16838696 51 19616587 51
78400000 50 53475660 50	95000000 50 96755300 50	12685439 51 15543381 51	13556906 51 15493645 51	11124449 51 15053117 51
84636364 50 56086320 50	88000000 50 92251613 50	60743027 50 95505107 50	55116300 50 80319800 50	62199560 50 10919737 51
98000000 50 61112580 50	76000000 50 84664295 50	89639767 49 46466787 50	57000800 49* 19252930 50	23924113 50 80100040 50
12841379 51 70154170 50	58000000 50 73752615 50	36476313 50* 60176667 49	52444530 50* 29723220 50*	12282423 50* 67569903 50
18620000 51 81051855 50	40000000 50 63836337 50	69959703 50* 15843843 50*	78822510 50* 58035700 50*	45196370 50* 96352710 50
29792000 51 90726070 50	25000000 50 57029402 50	94376710 50* 14909073 50*	91895650 50* 72302140 50*	79202060 50* 24344157 51
74480000 51 98259530 50	10000000 50 52657015 50	11772675 51* 70854007 50	98701780 50* 79786810 50*	14011857 51* 17353054 52
18620000 52 99712895 50	40000000 49 51889512 50	12707039 51* 34074083 51	99791490 50* 81010630 50*	20062560 51* 11469361 53

$\Phi =$ 70.0	$f_H/f_{co} =$ 93100000 49	$f_H/f_{cx} =$ 88867010 49	Table	153
y_R / y	f_R/f_{co} / f_x/f_{cx}	$\left\{\dfrac{h'}{Y_m}\cos\right\}_x^o$	$\left\{\dfrac{h'}{Y_m}\text{Par.}\right\}_x^o$	$\left\{\dfrac{h'}{Y_m}\text{Epst.}\right\}_x^o$
93567839 49	99500000 50	26219503 51	29802594 51	21675073 51
89292710 49	99523253 50	19267454 51	21326012 51	16512692 51
94040404 49	99000000 50	20436323 51	22929193 51	17178740 51
89722500 49	99046516 50	16047399 51	17489168 51	14020104 51
95000000 49	98000000 50	15327522 51	16822231 51	13237222 51
90594610 49	98093043 50	12781556 51	13574501 51	11515771 51
98000000 49	95000000 50	93562507 50	96261340 50	86960347 50
93315575 49	95232773 50	83149927 50	81839460 50	81454713 50
10579545 50	88000000 50	40174427 50	32027390 50	47060547 50
10034703 50	88559681 50	37059667 50	26532270 50	47325753 50
12250000 50	76000000 50	39931633 49*	18520600 50*	13597620 50
11522644 50	77123801 50	43339533 49*	20523810 50*	16402167 50
16051724 50	58000000 50	44616370 50*	58592100 50*	20571243 50*
14815050 50	59984279 50	43791073 50*	59136580 50*	15797537 50*
23275000 50	40000000 50	75180527 50*	81469460 50*	53270797 50*
20723450 50	42882343 50	73796090 50*	81479060 50*	45829250 50*
37240000 50	25000000 50	97452083 50*	92824300 50*	87560740 50*
30945975 50	28716823 50	95524167 50*	92615490 50*	74774620 50*
93100000 50	10000000 50	11860583 51*	98796210 50*	14737589 51*
59354675 50	14972201 50	11499616 51*	98495140 50*	10403085 51*
23275000 51	40000000 49	12721874 51*	99796640 50*	20459290 51*
86263525 50	10301806 50	11953344 51*	99492070 50*	47515333 49*

$\Phi =$ 70.0	$f_H/f_{co} =$ 18620000 50	$f_H/f_{cx} =$ 16967000 50	Table	154
y_R / y	f_R/f_{co} / f_x/f_{cx}	$\left\{\dfrac{h'}{Y_m}\cos\right\}_x^o$	$\left\{\dfrac{h'}{Y_m}\text{Par.}\right\}_x^o$	$\left\{\dfrac{h'}{Y_m}\text{Epst.}\right\}_x^o$
18713568 50	99500000 50	29201820 51	33401408 51	23908873 51
17044319 50	99546365 50	20577193 51	22764274 51	17648800 51
18808081 50	99000000 50	22779457 51	25766685 51	18915483 51
17122344 50	99092741 50	17195272 51	18733186 51	15032238 51
19000000 50	98000000 50	17045477 51	18910380 51	14490419 51
17280545 50	98185561 50	13771156 51	14625873 51	12409379 51
19600000 50	95000000 50	10385949 51	10877323 51	94234340 50
17773094 50	95464526 50	91070247 50	89870760 50	88998167 50
21159091 50	88000000 50	45940097 50	38826420 50	50985387 50
19038639 50	89118765 50	43319217 50	32309770 50	53929187 50
24500000 50	76000000 50	50934333 48*	14813420 50*	15988973 50
21681891 50	78254245 50	87371667 48	16434960 50*	22910130 50
32103448 50	58000000 50	42361470 50*	56722160 50*	18738050 50*
27361246 50	62011065 50	39122717 50*	56373890 50*	80052967 49*
46550000 50	40000000 50	73570397 50*	80565040 50*	51321917 50*
36959725 50	45906727 50	69087130 50*	79572140 50*	34294210 50*
74480000 50	25000000 50	96324320 50*	92446780 50*	85094753 50*
51740535 50	32792471 50	90124287 50*	91255100 50*	53457713 50*
18620000 51	10000000 50	11813975 51*	98740050 50*	14415163 51*
81051855 50	20933512 50	10548955 51*	97540100 50*	97591267 49*
46550000 51	40000000 49	12709307 51*	99791140 50*	20200760 51*
95767500 50	17716866 50	97560583 50*	98629450 50*	54038597 51

Φ = 70.0	f_H/f_{co} = 37240000 50	f_H/f_{cx} = 30945970 50	Table 155	
y_R / y	f_R/f_{co} / f_x/f_{cx}	$\left\{\frac{h'}{Y_m}\cos\right\}_{o,x}$	$\left\{\frac{h'}{Y_m}\text{Par.}\right\}_{o,x}$	$\left\{\frac{h'}{Y_m}\text{Epst.}\right\}_{o,x}$
37427136 50	99500000 50	32280313 51	37103189 51	26209407 51
31072888 50	99591564 50	23493097 51	25957075 51	20188590 51
37616162 50	99000000 50	25349133 51	28860025 51	20821913 51
31200826 50	99183191 50	19754553 51	21497821 51	17299187 51
38000000 50	98000000 50	19054266 51	21328200 51	15965320 51
31459818 50	98366669 50	15984571 51	16968947 51	14418045 51
39200000 50	95000000 50	11692397 51	12435571 51	10366397 51
32262657 50	95918867 50	10892679 51	10790414 51	10609715 51
42318182 50	88000000 50	53747317 50	47729920 50	56602380 50
34300975 50	90218937 50	57641387 50	45472080 50	69123207 50
49000000 50	76000000 50	43484367 49	99043000 49*	19718373 50
38444183 50	80495858 50	13089017 50	68841800 49*	38260013 50
64206897 50	58000000 50	39279037 50*	54338060 50*	15739090 50*
46821827 50	66093053 50	27621643 50*	49592160 50*	11286810 50
93100000 50	40000000 50	71541550 50*	79512590 50*	48304077 50*
59354675 50	52137384 50	56501547 50*	74488460 50*	33468767 49*
14896000 51	25000000 50	95095003 50*	92067350 50*	81847187 50*
74790870 50	41376675 50	73798063 50*	87147340 50*	11138840 50
37240000 51	10000000 50	11777786 51*	98699580 50*	14128513 51*
93672845 50	33036228 50	69997693 50*	93974150 50*	34232703 51
93100000 51	40000000 49	12702414 51*	99788340 50*	20041970 51*
98872155 50	31298979 50	10143973 50*	95008040 50*	27092250 52

Φ = 70.0	f_H/f_{co} = 74480000 50	f_H/f_{cx} = 51740530 50	Table 156	
y_R / y	f_R/f_{co} / f_x/f_{cx}	$\left\{\frac{h'}{Y_m}\cos\right\}_{o,x}$	$\left\{\frac{h'}{Y_m}\text{Par.}\right\}_{o,x}$	$\left\{\frac{h'}{Y_m}\text{Epst.}\right\}_{o,x}$
74854271 50	99500000 50	35048843 51	40394191 51	28297017 51
51909455 50	99674587 50	30869377 51	34023231 51	26627620 51
75232323 50	99000000 50	27779360 51	31744170 51	22649270 51
52079370 50	99349387 50	26234283 51	28486774 51	23053173 51
76000000 50	98000000 50	21066380 51	23705511 51	17473737 51
52422240 50	98699588 50	21602100 51	22905059 51	19530343 51
78400000 50	95000000 50	13105959 51	14074977 51	11427235 51
53475660 50	96755300 50	15460298 51	15393751 51	14997613 51
84636364 50	88000000 50	62713627 50	57526000 50	63545613 50
56086320 50	92251613 50	94976007 50	79706700 50	10886639 51
98000000 50	76000000 50	10018227 50	45024900 49*	24621893 50
61112580 50	84664295 50	46111827 50	18881110 50	79892553 50
12841379 51	58000000 50	35841813 50*	51864300 50*	11822017 50*
70154170 50	73752615 50	57600167 49	29938990 50*	67427197 50
18620000 51	40000000 50	69516847 50*	78539690 50*	44760797 50*
81051855 50	63836337 50	16067853 50*	58170140 50*	96234383 50
29792000 51	25000000 50	94058807 50*	91770640 50*	78687407 50*
90726070 50	57029402 50	15150863 50*	72395660 50*	24333143 51
74480000 51	10000000 50	11756200 51*	98677080 50*	13936618 51*
98259530 50	52657015 50	70404937 50	79868720 50*	17352026 52
18620000 52	40000000 49	12699516 51*	99787340 50*	19967727 51*
99712895 50	51889512 50	33968890 51	81079050 50*	11470953 53

$\Phi =$ 80.0	$f_H/f_{co} =$ 93100000 49	$f_H/f_{cx} =$ 88867010 49	Table	157
y_R y	f_R/f_{co} f_x/f_{cx}	$\left\{\dfrac{h'}{Y_m}\cos\right\}_x^o$	$\left\{\dfrac{h'}{Y_m}Par.\right\}_x^o$	$\left\{\dfrac{h'}{Y_m}Epst.\right\}_x^o$
93567839 49 89292710 49	99500000 50 99523253 50	28854260 51 19076391 51	32941486 51 21095211 51	23716480 51 16369908 51
94040404 49 89722500 49	99000000 50 99046516 50	21815487 51 15905967 51	24583257 51 17317343 51	18237570 51 13916008 51
95000000 49 90594610 49	98000000 50 98093043 50	16014428 51 12681778 51	17654944 51 13452494 51	13755893 51 11443979 51
98000000 49 93315575 49	95000000 50 95232773 50	96162247 50 82568217 50	99482340 50 81124240 50	88837100 50 81056067 50
10579545 50 10034703 50	88000000 50 88559681 50	41184797 50 36738217 50	33302580 50 26144380 50	47723073 50 47122107 50
12250000 50 11522644 50	76000000 50 77123801 50	35017233 49* 45276633 49*	17919680 50* 20738660 50*	13873053 50 16289453 50
16051724 50 14815050 50	58000000 50 59984279 50	44322983 50* 43918880 50*	58287240 50* 59250280 50*	20437463 50* 15870030 50*
23275000 50 20723450 50	40000000 50 42882343 50	74953533 50* 73893567 50*	81298080 50* 81539830 50*	53169503 50* 45894030 50*
37240000 50 30945975 50	25000000 50 28716823 50	97249817 50* 95604000 50*	92728690 50* 92646380 50*	87419860 50* 74852000 50*
93100000 50 59354675 50	10000000 50 14972201 50	11843167 51* 11505818 51*	98765100 50* 98504750 50*	14691813 51* 10416208 51*
23275000 51 86263525 50	40000000 49 10301806 50	12709176 51* 11959757 51*	99788120 50* 99496050 50*	20347870 51* 49320333 49*

$\Phi =$ 80.0	$f_H/f_{co} =$ 18620000 50	$f_H/f_{cx} =$ 16967000 50	Table	158
y_R y	f_R/f_{co} f_x/f_{cx}	$\left\{\dfrac{h'}{Y_m}\cos\right\}_x^o$	$\left\{\dfrac{h'}{Y_m}Par.\right\}_x^o$	$\left\{\dfrac{h'}{Y_m}Epst.\right\}_x^o$
18713568 50 17044319 50	99500000 50 99546365 50	33641403 51 20325090 51	38697200 51 22459617 51	27343023 51 17462083 51
18808081 50 17122344 50	99000000 50 99092741 50	25236297 51 17001628 51	28716821 51 18498090 51	20798557 51 14891046 51
19000000 50 17280545 50	98000000 50 98185561 50	18325259 51 13628807 51	20463189 51 14452249 51	15455508 51 12307899 51
19600000 50 17773094 50	95000000 50 95464526 50	10890763 51 90191107 50	11502428 51 88797510 50	97881767 50 88399853 50
21159091 50 19038639 50	88000000 50 89118765 50	47949337 50 42807167 50	41350850 50 31701040 50	52316187 50 53604227 50
24500000 50 21681891 50	76000000 50 78254245 50	47997667 48 55453667 48	13618810 50* 16780490 50*	16567307 50 22720580 50
32103448 50 27361246 50	58000000 50 62011065 50	41768643 50* 39336627 50*	56122480 50* 56558190 50*	18424263 50* 81328900 49*
46550000 50 36959725 50	40000000 50 45906727 50	73118853 50* 69250417 50*	80238120 50* 79670590 50*	51043730 50* 34409123 50*
74480000 50 51740535 50	25000000 50 32792471 50	95941337 50* 90258877 50*	92274870 50* 91305790 50*	84702320 50* 53587287 50*
18620000 51 81051855 50	10000000 50 20933512 50	11785777 51* 10561174 51*	98692190 50* 97558860 50*	14320832 51* 99353667 49*
46550000 51 95767500 50	40000000 49 17716866 50	12692018 51* 97747567 50*	99780060 50* 98621310 50*	20029510 51* 54019050 51

Table 159

$\Phi = 80.0$	$f_H/f_{co} = 37240000 \quad 50$	$f_H/f_{cx} = 30945970 \quad 50$		
y_R / y	f_R/f_{co} / f_x/f_{cx}	$\left\{\dfrac{h'}{Y_m}\cos\right\}_x^o$	$\left\{\dfrac{h'}{Y_m}\text{Par.}\right\}_x^o$	$\left\{\dfrac{h'}{Y_m}\text{Epst.}\right\}_x^o$
37427136 50	99500000 50	39058993 51	45201373 51	31442157 51
31072888 50	99591564 50	23158313 51	25552954 51	19942907 51
37616162 50	99000000 50	29325967 51	33641851 51	23863823 51
31200826 50	99183191 50	19489727 51	21177036 51	17107933 51
38000000 50	98000000 50	21235357 51	23976623 51	17607700 51
31459818 50	98366669 50	15783197 51	16724374 51	14275844 51
39200000 50	95000000 50	12599920 51	13557470 51	11023367 51
32262657 50	95918867 50	10761962 51	10632215 51	10521423 51
42318182 50	88000000 50	57488567 50	52392090 50	59119500 50
34300975 50	90218937 50	56842157 50	44536690 50	68616687 50
49000000 50	76000000 50	62210867 49	76875100 49*	20877107 50
38444183 50	80495858 50	12573437 50	74301200 49*	37951200 50
64206897 50	58000000 50	38162557 50*	53248480 50*	15048170 50*
46821827 50	66093053 50	27975813 50*	49889940 50*	11074170 50
93100000 50	40000000 50	70722887 50*	78947230 50*	47655710 50*
59354675 50	52137384 50	56779800 50*	74653500 50*	35326633 49*
14896000 51	25000000 50	94450497 50*	91792220 50*	80998727 50*
74790870 50	41376675 50	74046500 50*	87241120 50*	10948593 50
37240000 51	10000000 50	11737868 51*	98634390 50*	13974728 51*
93672845 50	33036228 50	70320903 50*	94024030 50*	34211993 51
93100000 51	40000000 49	12681168 51*	99775020 50*	19813487 51*
98872155 50	31298979 50	10815743 50*	95051110 50*	27090340 52

Table 160

$\Phi = 80.0$	$f_H/f_{co} = 74480000 \quad 50$	$f_H/f_{cx} = 51740530 \quad 50$		
y_R / y	f_R/f_{co} / f_x/f_{cx}	$\left\{\dfrac{h'}{Y_m}\cos\right\}_x^o$	$\left\{\dfrac{h'}{Y_m}\text{Par.}\right\}_x^o$	$\left\{\dfrac{h'}{Y_m}\text{Epst.}\right\}_x^o$
74854271 50	99500000 50	44346097 51	51517802 51	35458240 51
51909455 50	99674587 50	30393707 51	33449898 51	26282030 51
75232323 50	99000000 50	33534913 51	38673265 51	27042627 51
52079370 50	99349387 50	25850177 51	28022620 51	22778787 51
76000000 50	98000000 50	24389950 51	27742679 51	19973303 51
52422240 50	98699588 50	21302767 51	22542885 51	19321450 51
78400000 50	95000000 50	14572137 51	15882291 51	12491934 51
53475660 50	96755300 50	15258375 51	15150983 51	14863011 51
84636364 50	88000000 50	69011007 50	65288120 50	67864473 50
56086320 50	92251613 50	93687587 50	78213930 50	10806321 51
98000000 50	76000000 50	13222227 50	79819000 48*	26725940 50
61112580 50	84664295 50	45246007 50	17974380 50	79389553 50
12841379 51	58000000 50	33959907 50*	50095390 50*	10493750 50*
70154170 50	73752615 50	51303667 49	30466050 50*	67082170 50
18620000 51	40000000 50	68206647 50*	77673720 50*	43526370 50*
81051855 50	63836337 50	16616483 50*	58498810 50*	95949463 50
29792000 51	25000000 50	93110270 50*	91382180 50*	77232373 50*
90726070 50	57029402 50	15744473 50*	72625360 50*	24306720 51
74480000 51	10000000 50	11705678 51*	98597210 50*	13723686 51*
98259530 50	52657015 50	69299897 50	80035150 50*	17349582 52
18620000 52	40000000 49	12675357 51*	99772470 50*	19690050 51*
99712895 50	51889512 50	33709933 51	82246980 50*	11474964 53

$\Phi =$ 10.0	$f_H/f_{co} =$ 37240000 50	$f_H/f_{cx} =$ 30945970 50	Table 161
y_R / y	f_R/f_{co} / f_x/f_{cx}	$\left\{\dfrac{\Delta h'}{Y_m} Par.\right\}_{x}^{o}$	
37054726 50 30820072 50	10050000 51 10040851 51	61190116 51 52625712 51	
36871287 50 30695170 50	10100000 51 10081708 51	41100816 51 43978236 51	
36331707 50 30326345 50	10250000 51 10204321 51	19918052 51 32820252 51	
35466667 50 29730590 50	10500000 51 10408799 51	11471062 51 24797446 51	
33854545 50 28605491 50	11000000 51 10818194 51	73436028 50 17445330 51	
32382609 50 27561164 50	11500000 51 11228109 51	58284494 50 13607373 51	
31033333 50 26589363 50	12000000 51 11638479 51	49397274 50 11147284 51	
28646154 50 24835491 50	13000000 51 12460384 51	38440810 50 81054100 50	
24826667 50 21935396 50	15000000 51 14107780 51	26628046 50 50492802 50	
21280000 50 19135924 50	17500000 51 16171665 51	18838512 50 32540450 50	
18620000 50 16967000 50	20000000 51 18238920 51	14241554 50 22983018 50	

$\Phi =$ 20.0	$f_H/f_{co} =$ 37240000 50	$f_H/f_{cx} =$ 30945970 50	Table 162
y_R / y	f_R/f_{co} / f_x/f_{cx}	$\left\{\dfrac{\Delta h'}{Y_m} Par.\right\}_{x}^{o}$	
37054726 50 30820072 50	10050000 51 10040851 51	56102640 51 54445374 51	
36871287 50 30695170 50	10100000 51 10081708 51	43653698 51 45238824 51	
36331707 50 30326345 50	10250000 51 10204321 51	27204730 51 33349070 51	
35466667 50 29730590 50	10500000 51 10408799 51	16635790 51 24847116 51	
33854545 50 28605491 50	11000000 51 10818194 51	97448368 50 17184522 51	
32382609 50 27561164 50	11500000 51 11228109 51	72239126 50 13274286 51	
31033333 50 26589363 50	12000000 51 11638479 51	58696308 50 10810775 51	
28646154 50 24835491 50	13000000 51 12460384 51	43588396 50 78148024 50	
24826667 50 21935396 50	15000000 51 14107780 51	28993640 50 48564490 50	
21280000 50 19135924 50	17500000 51 16171665 51	20067118 50 31355562 50	
18620000 50 16967000 50	20000000 51 18238920 51	14990722 50 22209250 50	

$\Phi =$ 30.0	$f_H/f_{co} =$ 37240000 50	$f_H/f_{cx} =$ 30945970 50	Table 163	
y_R y	f_R/f_{co} f_x/f_{cx}	$\left\{\frac{\Delta h'}{Y_m} Par.\right\}_{o,x}$		
37054726 50 30820072 50	10050000 51 10040851 51	40830196 51 63437024 51		
36871287 50 30695170 50	10100000 51 10081708 51	34042814 51 51466280 51		
36331707 50 30326345 50	10250000 51 10204321 51	25370896 51 35983652 51		
35466667 50 29730590 50	10500000 51 10408799 51	19203446 51 25159182 51		
33854545 50 28605491 50	11000000 51 10818194 51	13586867 51 16005517 51		
32382609 50 27561164 50	11500000 51 11228109 51	10656682 51 11739938 51		
31033333 50 26589363 50	12000000 51 11638479 51	87749072 50 92461058 50		
28646154 50 24835491 50	13000000 51 12460384 51	64407120 50 64434498 50		
24826667 50 21935396 50	15000000 51 14107780 51	40815648 50 39242720 50		
21280000 50 19135924 50	17500000 51 16171665 51	26817758 50 25494526 50		
18620000 50 16967000 50	20000000 51 18238920 51	19266737 50 18314863 50		

$\Phi =$ 40.0	$f_H/f_{co} =$ 37240000 50	$f_H/f_{cx} =$ 30945970 50	Table 164	
y_R y	f_R/f_{co} f_x/f_{cx}	$\left\{\frac{\Delta h'}{Y_m} Par.\right\}_{o,x}$		
37054726 50 30820072 50	10050000 51 10040851 51	42536788 51 61631856 51		
36871287 50 30695170 50	10100000 51 10081708 51	35389676 51 50176076 51		
36331707 50 30326345 50	10250000 51 10204321 51	26220990 51 35364238 51		
35466667 50 29730590 50	10500000 51 10408799 51	19659826 51 24983046 51		
33854545 50 28605491 50	11000000 51 10818194 51	13657923 51 16139368 51		
32382609 50 27561164 50	11500000 51 11228109 51	10540809 51 11970438 51		
31033333 50 26589363 50	12000000 51 11638479 51	85653342 50 95060256 50		
28646154 50 24835491 50	13000000 51 12460384 51	61740352 50 66969768 50		
24826667 50 21935396 50	15000000 51 14107780 51	38557196 50 41163810 50		
21280000 50 19135924 50	17500000 51 16171665 51	25286896 50 26788886 50		
18620000 50 16967000 50	20000000 51 18238920 51	18224614 50 19209821 50		

$\Phi =$ 50,0	$f_H/f_{co} =$ 37240000 50	$f_H/f_{cx} =$ 30945970 50	Table 165	
y_R y	f_R/f_{co} f_x/f_{cx}	$\left\{\frac{\Delta h'}{Y_m} \text{ Par.}\right\}_{o \atop x}$		
37054726 50 30820072 50	10050000 51 10040851 51	45298834 51 59389944 51		
36871287 50 30695170 50	10100000 51 10081708 51	37463154 51 48622352 51		
36331707 50 30326345 50	10250000 51 10204321 51	27320820 51 34704984 51		
35466667 50 29730590 50	10500000 51 10408799 51	19982357 51 24902772 51		
33854545 50 28605491 50	11000000 51 10818194 51	13310999 51 16432720 51		
32382609 50 27561164 50	11500000 51 11228109 51	99873280 50 12353776 51		
31033333 50 26589363 50	12000000 51 11638479 51	79827366 50 98974166 50		
28646154 50 24835491 50	13000000 51 12460384 51	56809368 50 70398276 50		
24826667 50 21935396 50	15000000 51 14107780 51	35544894 50 43485194 50		
21280000 50 19135924 50	17500000 51 16171665 51	23551940 50 28242634 50		
18620000 50 16967000 50	20000000 51 18238920 51	17128920 50 20173542 50		

$\Phi =$ 54,0	$f_H/f_{co} =$ 37240000 50	$f_H/f_{cx} =$ 30945970 50	Table 166	
y_R y	f_R/f_{co} f_x/f_{cx}	$\left\{\frac{\Delta h'}{Y_m} \text{ Par.}\right\}_{o \atop x}$		
37054726 50 30820072 50	10050000 51 10040851 51	49123796 51 57146060 51		
36871287 50 30695170 50	10100000 51 10081708 51	40089612 51 47088494 51		
36331707 50 30326345 50	10250000 51 10204321 51	28224566 51 34092062 51		
35466667 50 29730590 50	10500000 51 10408799 51	19614892 51 24878648 51		
33854545 50 28605491 50	11000000 51 10818194 51	12254539 51 16772650 51		
32382609 50 27561164 50	11500000 51 11228109 51	89732418 50 12769196 51		
31033333 50 26589363 50	12000000 51 11638479 51	71309728 50 10309254 51		
28646154 50 24835491 50	13000000 51 12460384 51	51040448 50 73890526 50		
24826667 50 21935396 50	15000000 51 14107780 51	32548166 50 45775216 50		
21280000 50 19135924 50	17500000 51 16171665 51	21933022 50 29648496 50		
18620000 50 16967000 50	20000000 51 18238920 51	16130843 50 21094630 50		

$\Phi =$ 60.0	$f_H/f_{co} =$ 37240000 50	$f_H/f_{cx} =$ 30945970 50	Table 167	
y_R y	f_R/f_{co} f_x/f_{cx}	$\left\{\frac{\Delta h'}{Y_m} Par.\right\}_{o,x}$		
37054726 50	10050000 51	53967944 51		
30820072 50	10040851 51	55145806 51		
36871287 50	10100000 51	42813814 51		
30695170 50	10081708 51	45720360 51		
36331707 50	10250000 51	27995620 51		
30326345 50	10204321 51	33545304 51		
35466667 50	10500000 51	17842302 51		
2973059C 50	10408799 51	24858774 51		
33854545 50	11000000 51	10530579 51		
28605491 50	10818194 51	17079625 51		
32382609 50	11500000 51	77229672 50		
27561164 50	11228109 51	13144008 51		
31033333 50	12000000 51	62143714 50		
26589363 50	11638479 51	10680702 51		
28646154 50	13000000 51	45551996 50		
24835491 50	12460384 51	77037748 50		
24826667 50	15000000 51	29910278 50		
21935396 50	14107780 51	47834246 50		
21280000 50	17500000 51	20545124 50		
19135924 50	16171665 51	30908210 50		
18620000 50	20000000 51	15282331 50		
16967000 50	18238920 51	21917268 50		

$\Phi =$ 67.1	$f_H/f_{co} =$ 37240000 50	$f_H/f_{cx} =$ 30945970 50	Table 168	
y_R y	f_R/f_{co} f_x/f_{cx}	$\left\{\frac{\Delta h'}{Y_m} Par.\right\}_{o,x}$		
37054726 50	10050000 51	59194702 51		
30820072 50	10040851 51	53518152 51		
36871287 50	10100000 51	44012342 51		
30695170 50	10081708 51	44598416 51		
36331707 50	10250000 51	24817330 51		
30326345 50	10204321 51	33083448 51		
35466667 50	10500000 51	14388222 51		
29730590 50	10408799 51	24825744 51		
33854545 50	11000000 51	85770310 50		
28605491 50	10818194 51	17319835 51		
32382609 50	11500000 51	65271878 50		
27561164 50	11228109 51	13445152 51		
26589363 50	11638479 51	10982582 51		
31033333 50	12000000 51	54005426 50		
28646154 50	13000000 51	40970710 50		
24835491 50	12460384 51	79624836 50		
24826667 50	15000000 51	27785462 50		
21935396 50	14107780 51	49540944 50		
21280000 50	17500000 51	19439011 50		
19135924 50	16171665 51	31954776 50		
18620000 50	20000000 51	14607727 50		
16967000 50	18238920 51	22600464 50		

$\Phi =$ 70.0	$f_H/f_{co} =$ 37240000 50	$f_H/f_{cx} =$ 30945970 50	Table	169
y_R / y	f_R/f_{co} / f_x/f_{cx}	$\left\{\dfrac{\Delta h'}{y_m} \text{Par.}\right\}_x^o$		
37054726 50 30820072 50	10050000 51 10040851 51	60402504 51 52327794 51		
36871287 50 30695170 50	10100000 51 10081708 51	38002948 51 43770294 51		
36331707 50 30326345 50	10250000 51 10204321 51	17474523 51 32730550 51		
35466667 50 29730590 50	10500000 51 10408799 51	10348108 51 24786096 51		
33854545 50 28605491 50	11000000 51 10818194 51	69144794 50 17486036 51		
32382609 50 27561164 50	11500000 51 11228109 51	55910524 50 13660949 51		
31033333 50 26589363 50	12000000 51 11638479 51	47846272 50 11202078 51		
28646154 50 24835491 50	13000000 51 12460384 51	37595564 50 81532968 50		
24826667 50 21935396 50	15000000 51 14107780 51	26242832 50 50813438 50		
21280000 50 19135924 50	17500000 51 16171665 51	18638799 50 32738134 50		
18620000 50 16967000 50	20000000 51 18238920 51	14119732 50 23112198 50		

$\Phi =$ 80.0	$f_H/f_{co} =$ 37240000 50	$f_H/f_{cx} =$ 30945970 50	Table	170
y_R / y	f_R/f_{co} / f_x/f_{cx}	$\left\{\dfrac{\Delta h'}{y_m} \text{Par.}\right\}_x^o$		
37054726 50 30820072 50	10050000 51 10040851 51	36262060 51 51605210 51		
36871287 50 30695170 50	10100000 51 10081708 51	18540680 51 43263862 51		
36331707 50 30326345 50	10250000 51 10204321 51	98544390 50 32508846 51		
35466667 50 29730590 50	10500000 51 10408799 51	74060622 50 24754258 51		
33854545 50 28605491 50	11000000 51 10818194 51	58514232 50 17582026 51		
32382609 50 27561164 50	11500000 51 11228109 51	50103584 50 13789536 51		
31033333 50 26589363 50	12000000 51 11638479 51	44071482 50 11334506 51		
28646154 50 24835491 50	13000000 51 12460384 51	35546616 50 82698114 50		
24826667 50 21935396 50	15000000 51 14107780 51	25310906 50 51597570 50		
21280000 50 19135924 50	17500000 51 16171665 51	18155673 50 33222530 50		
18620000 50 16967000 50	20000000 51 18238920 51	13824923 50 23428914 50		

f_0/f_{co}		N/N_c		$\pm\frac{h}{Y_m}$ cos		$\pm\frac{h}{Y_m}$ Par.		$\pm\frac{h}{Y_m}$ Epst.	
10000000	51	1000000	51	00000000	00	00000000	00	00000000	00
99900000	50	9980000	50	37963834	49	44710178	49	29826683	49
99800000	50	9960000	50	53693445	49	63213923	49	42198863	49
99700000	50	9940000	50	65766256	49	77401550	49	51704450	49
99600000	50	9920100	50	75946672	49	89353231	49	59728090	49
99500000	50	9900200	50	84918045	49	99874922	49	66805983	49
99400000	50	9880300	50	93030826	49	10938007	50	73212980	49
99200000	50	9840600	50	10744069	50	12623787	50	84609970	49
99000000	50	9801000	50	12014243	50	14106736	50	94676320	49
98800000	50	9761400	50	13163147	50	15445387	50	10380000	50
98600000	50	9721900	50	14220205	50	16674531	50	11221133	50
98400000	50	9682500	50	15204587	50	17816846	50	12006033	50
98200000	50	9643200	50	16129604	50	18888091	50	12745094	50
98000000	50	9604000	50	17004949	50	19899748	50	13445900	50
97800000	50	9564800	50	17837938	50	20860489	50	14114155	50
97400000	50	9486700	50	19398405	50	22654801	50	15369846	50
97000000	50	9409000	50	20844249	50	24310491	50	16538093	50
96600000	50	9331500	50	22197883	50	25854206	50	17636363	50
96200000	50	9254400	50	23475270	50	27304944	50	18677063	50
95800000	50	9177600	50	24688253	50	28676819	50	19669420	50
95400000	50	9101100	50	25845907	50	29980660	50	20620472	50
95000000	50	9025000	50	26955367	50	31224990	50	21535763	50
94000000	50	8836000	50	29553251	50	34117445	50	23694737	50
93000000	50	8649000	50	31948423	50	36755952	50	25706563	50
92000000	50	8464000	50	34183583	50	39191836	50	27604304	50
91000000	50	8281000	50	36288367	50	41460825	50	29410886	50
90000000	50	8100000	50	38284344	50	43588990	50	31143021	50
89000000	50	7921000	50	40187782	50	45596053	50	32813308	50
88000000	50	7744000	50	42011311	50	47497368	50	34431570	50
86000000	50	7396000	50	45456914	50	51029403	50	37541813	50
84000000	50	7056000	50	48681304	50	54258640	50	40520927	50
82000000	50	6724000	50	51726231	50	57236352	50	43402053	50
80000000	50	6400000	50	54622070	50	60000000	50	46209813	50
78000000	50	6084000	50	57391739	50	62577952	50	48963250	50
76000000	50	5776000	50	60053039	50	64992307	50	51677703	50
74000000	50	5476000	50	62620123	50	67260687	50	54365903	50
72000000	50	5184000	50	65104472	50	69397406	50	57038760	50
70000000	50	4900000	50	67515550	50	71414284	50	59705867	50
68000000	50	4624000	50	69861270	50	73321211	50	62375923	50
66000000	50	4356000	50	72148330	50	75126560	50	65056943	50
64000000	50	4096000	50	74382490	50	76837491	50	67756537	50
62000000	50	3844000	50	76568690	50	78460181	50	70482070	50
60000000	50	3600000	50	78711260	50	80000000	50	73240820	50
58000000	50	3364000	50	80814010	50	81461647	50	76040090	50
56000000	50	3136000	50	82880300	50	82849261	50	78887357	50
54000000	50	2916000	50	84913130	50	84166501	50	81790410	50
52000000	50	2704000	50	86915180	50	85416626	50	84757443	50
50000000	50	2500000	50	88888890	50	86602540	50	87797187	50
48000000	50	2304000	50	90836440	50	87726849	50	90919130	50
46000000	50	2116000	50	92759840	50	88791891	50	94133587	50
44000000	50	1936000	50	94660920	50	89799777	50	97452010	50
42000000	50	1764000	50	96541350	50	90752410	50	10088711	51
40000000	50	1600000	50	98402700	50	91651514	50	10445327	51
35000000	50	1225000	50	10298175	51	93674970	50	11405555	51
30000000	50	9000000	49	10747021	51	95393920	50	12492134	51
25000000	50	6250000	49	11188516	51	96824583	50	13756243	51
20000000	50	4000000	49	11624154	51	97979589	50	15282878	51
15000000	50	2250000	49	12055270	51	98868599	50	17230628	51
10000000	50	1000000	49	12483085	51	99498743	50	19954794	51
70000000	49	4900000	48	12738668	51	99754699	50	22341211	51
40000000	49	1600000	48	12993712	51	99919968	50	26077569	51
10000000	49	1000000	47	13248449	51	99995000	50	35322033	51
50000000	48	2500000	46	13290892	51	99998750	50	39943077	51
10000000	48	1000000	45	13324845	51	99999950	50	50672683	51
00000000	00	0000000	00	13333333	51	10000000	51	∞	

Verzeichnis der Mitteilungen aus dem Max-Planck-Institut für Physik der Stratosphäre

Nr. 1/1953   Über den Beitrag der von μ - Mesonen angestoßenen Elektronen zu den Ultrastrahlungsschauern unter Blei. G. Pfotzer

Nr. 2/1954. Ein Zählrohrkoinzidenzgerät zur Registrierung der kosmischen Ultrastrahlung. A. Ehmert

Eine einfache Methode zur Einstellung und Fixierung des Expansionsverhältnisses von Nebelkammern. G. Pfotzer

Nr. 3/1954   Optische Interferenzen an dünnen, bei -190°C kondensierten Eisschichten. Erich Regener (vergriffen)

Nr. 4/1955   Über die Messung der Temperatur des atmosphärischen Ozons mit Hilfe der Hugins-Banden. H. Zschörner und H. K. Paetzold

Nr. 5/1956   Ein neuer Ausbruch solarer Ultrastrahlung am 23. Februar 1956. A. Ehmert und G. Pfotzer, vergriffen (erschienen Z. Naturforschung 11a, 322, 1956)

Nr. 6/1956   Das Abklingen der solaren Ultrastrahlung beim Ausbruch am 23. Februar 1956 und die geomagnetischen Einfallsbedingungen. A. Ehmert und G. Pfotzer

Nr. 7/1956   Die Impulsverteilung der solaren Ultrastrahlung in der Abklingphase des Strahlungseinbruches am 23. Februar 1956. G. Pfotzer

Nr. 8/1956   Die atmosphärischen Störungen und ihre Anwendung zur Untersuchung der unteren Ionosphäre. K. Revellio

Nr. 9/1956   Solare Ultrastrahlung als Sonde für das Magnetfeld der Erde in großer Entfernung. G. Pfotzer

*

Die vorstehenden Hefte können beim Max-Planck-Institut für Aeronomie, (20b) Lindau über Northeim (Hann.), angefordert werden.

Mitteilungen aus dem Max-Planck-Institut für Aeronomie

Nr. 1 **(S)** Waibel: Messungen von Primärteilchen der kosmischen Strahlung.

Nr. 2 **(S)** Erbe: Auswirkung der Variationen der primären kosmischen Strahlung auf die Mesonen- und Nukleonenkomponente am Erdboden.

Nr. 3 **(I)** Kohl: Bewegung der F-Schicht der Ionosphäre bei erdmagnetischen Bai-Störungen.

Veröffentlichungen in Vorbereitung

(I) Dieminger und Mitarb.: Die Ionosonde des Max-Planck-Instituts für Aeronomie.

(I) Umlauft: Die Absorptionsmeß-Sonde des M.P.I. für Aeronomie.

(I) Kohl: Messungen an senkrechten Rhombusantennen.

(I) Gemeinschaftsarbeit: Die IGJ-Station Tsumeb des M.P.I. für Aeronomie.

(I) Schwentek: Bestimmung eines Kennwertes für die Absorption der Ionosphäre aus Feldstärkeregistrierungen kommerzieller Kurzwellensender.

(I) Schwentek: Druckzählgerät zur laufenden Registrierung halbstündiger Häufigkeitsverteilungen von Feldstärken.

(I) Becker: Die Lindauer Methode zur Bestimmung wahrer Höhen in der Ionosphäre.

(S) Ehmert u. Revellio: Tafeln zur graphischen Auswertung von Wellenformen mit mehrfach reflektierten Strahlungsimpulsen von Blitzen auf Reflexionshöhe und Blitzentfernung.

(S) Ehmert, Erbe, Pfotzer: Beschreibung der Anlagen des Instituts zur Registrierung der Neutronen und der Mesonen im Geophysikalischen Jahr 1957/58.

(S) Ehmert, Erbe, Pfotzer: Die Variationen der kosmischen Strahlung vom November 1956 bis Dezember 1958. (Das gesamte Registriermaterial des Instituts.)

(S) Ehmert u. Revellio: Registrierung der Blitzstrahlung auf Längstwellen in Weissenau im Geophysikalischen Jahr 1957/58.

MIX
Papier aus verantwortungsvollen Quellen
Paper from responsible sources
FSC® C105338

If you have any concerns about our products,
you can contact us on
ProductSafety@springernature.com

In case Publisher is established outside the EU,
the EU authorized representative is:
Springer Nature Customer Service Center GmbH
Europaplatz 3, 69115 Heidelberg, Germany

Printed by Libri Plureos GmbH
in Hamburg, Germany